(On a relié par erreur l'acte de société après les 2 [illegible] de titre de l'Exposition et programme des opérations de la Ruche.)

# EXPOSITION & PROGRAMME

DES OPÉRATIONS

# DE LA RUCHE.

# EXPOSITION ET PROGRAMME

DES OPÉRATIONS

DE

# LA RUCHE,

SOCIÉTÉ AGRICOLE-INDUSTRIELLE

DE ROYER.

A ROYER,

COMMUNE DE SAINT-GERANT-DE-VEAUX, CANTON DE NEUILLY-LE-RÉAL,

ARRONDISSEMENT DE MOULINS (ALLIER).

—

1842.

# LA RUCHE,

## SOCIÉTÉ AGRICOLE-INDUSTRIELLE,

## DE ROYER.

---

ACTE DE SOCIÉTÉ.

Vérité, Ordre, Richesse.

LYON,

IMPRIMERIE D'ISIDORE DELEUZE,

RUE SAINT-DOMINIQUE, 13.

---

1842.

# LA RUCHE,

## SOCIÉTÉ AGRICOLE-INDUSTRIELLE,

### DE ROYER.

Les soussignés, MM. Reverchon, Jean-Joseph, propriétaire à Grédisans (Jura), et Boyron, Etienne, docteur médecin, à Lyon,

Stipulant, tant en leur nom particulier que pour les commanditaires qu'ils se réservent de s'adjoindre; avant de passer à la rédaction du Contrat de Société qui fait l'objet des présentes, ont exposé et arrêté ce qui suit :

1° L'agriculture est aujourd'hui, par le fait de l'éloignement des intelligences, des bras et des capitaux, dans un état d'abaissement et de négligence; cet état doit, à l'aide des conditions opposées, se transformer en une prospérité croissante telle, que la production actuelle peut être quadruplée;

2° L'agriculture exploitée isolément renonce aux bénéfices considérables qui ressortent de la transformation industrielle et manufacturière de ses produits; la combinaison sur place des ressources industrielles aux produits bruts de la terre doit en doubler et souvent tripler la valeur;

3° L'agronomie et l'industrie sont obligées de passer par les voies commerciales pour arriver au destinataire;

dans cette mutation il y a perte réelle pour le producteur et pour le consommateur;

4° L'éducation a besoin, dans sa généralité comme dans sa spécialité, d'être dirigée vers le but social de l'homme, c'est-à-dire vers le travail; l'éducation demande donc surtout à devenir professionnelle;

5° La terre de Royer, qui est acquise aux contractants, suivant les termes exprimés au présent acte, présentant par sa position, son étendue, la richesse de son sol, des avantages éminemment favorables aux opérations projetées, et considérant qu'il convient de faire participer le plus grand nombre possible à ces avantages, afin d'atteindre plus facilement le but proposé ;

Les parties ont arrêté entre elles les clauses et conditions suivantes, sous lesquelles elles entendent traiter pour l'exploitation agricole, industrielle et commerciale des terres et dépendances de Royer.

### ARTICLE PREMIER.

Sous le titre de LA RUCHE, Société agricole-industrielle de Royer, il est formé, sous la raison sociale Reverchon, Boyron et C^ie^, une Société en commandite par actions dont le but est l'exploitation agricole, industrielle et commerciale de la terre et dépendances de Royer, dont les inventaires et plans sont annexés à la minute du présent acte.

### ART. II.

MM. Reverchon et Boyron sont les directeurs gérants seuls responsables et solidaires de cette Société, ils ont seuls la signature sociale, mais ils ne peuvent en faire usage que pour les affaires de la Société.

Ils sont habiles à faire tous les actes de gestion et d'administration, mais ils ne peuvent faire par contrat purement civil, aucun emprunt pour la Société.

ART. III.

Le siége de la Société est au local d'exploitation, au château de Royer, commune de St-Gérant-de-Vaux, arrondissement de Neuilly-le-Réal, département de l'Allier.

ART. IV.

La durée de la Société est fixée à quinze années, qui commenceront le 11 novembre 1842, et finiront le 11 novembre 1857.

---

## OBJETS DE LA SOCIÉTÉ.

ART. V.

La Société a quatre branches d'opérations :

1° *Opérations agricoles*. A l'aide des procédés de culture les plus avancés et les plus lucratifs, porter le sol à sa plus grande puissance productive, réaliser cette puissance en produits agricoles.

2° *Opérations industrielles*. Par les forces réunies des bras, des animaux et des machines, transformer les produits bruts de l'agriculture en produits industriels manufacturés.

3° *Opérations commerciales*. Répandre par les voies commerciales les produits obtenus.

4° *Education théorique et pratique*, par l'établissement d'une ferme modèle, agricole-industrielle.

ART. VI.

MM. Reverchon et Boyron, gérants, apportent à la Société, indépendamment de leur temps et de leurs soins :

1° Une somme de 50,000 fr. pour cautionnement de leur gestion.

2° La propriété dite de Valty, attenante à la terre de Royer, laquelle propriété, d'une étendue de 72 hect. 60 centi., leur a été vendue pour le prix de 38,500 fr. Cette vente a été consentie à la condition de payer au vendeur une somme de 13,500 fr. comptant, non compris les frais de vente, et de payer le surplus par portions égales de 5,000 fr. pendant cinq ans.

3° Un bail à ferme, passé le 21 mai 1842 avec M. Chaverondier, propriétaire de la terre de Royer ; duquel bail il ressort que, moyennant la somme annuelle de 19,380 fr., M. Chaverondier leur a affermé sa terre et dépendances de Royer, dont l'étendue est de 585 hect., telle qu'elle est enregistrée à la matrice cadastrale, pour en jouir pendant quatre ans, durant lesquels MM. Reverchon et Boyron, seront tenus d'acquérir ladite propriété, sous peine d'abandonner les constructions et améliorations faites et de payer un dommage de 10,000 fr.

Il ressort de conditions particulières entre le propriétaire et les contractants : 1° que la propriété de Royer sera vendue pour le prix de 387,600 francs; 2° que les acquéreurs devront, au moment de la passassion de l'acte de vente, payer à M. Chaverondier la somme de 127,600 f. soit en argent, soit en garanties, fournies par l'acquisition de propriétés attenantes à Royer, et affranchies de toute hypothèque; 3° que deux années après, ils paieront 60,000 autres francs; 4° enfin, que dans les huit années qui suivront la vente, ils auront à payer le surplus.

4° L'engagement personnel qu'ils prennent solidairement de payer de leurs deniers la somme de 10,000 francs, montant du dommage dû au propriétaire, dans le cas où pour une circonstance quelconque l'acquisition de la terre de Royer, soit par eux, soit par la Société, ne pourrait s'effectuer dans le délai de quatre ans, ainsi qu'il est stipulé dans le bail du 21 mai 1842.

Il est expliqué que, pour satisfaire à la condition imposée par le propriétaire, de lui payer au moment de la vente, la somme de 127,600 fr., ou de lui en fournir en tout ou partie la garantie, au moyen d'acquisitions de propriétés attenantes à ladite terre : MM. Reverchon et Boyron (ou à leur défaut la Société elle-même), auront à payer seulement la somme de 94,000 fr. Cette somme jointe à celle de 33,600 fr. alors payée sur le domaine de Valty, représentera les 127,600 fr. qui doivent être payés au propriétaire. Le surplus du prix d'acquisition de la terre de Royer ainsi que les frais divers y relatifs, seront acquittés par la Société dans les délais prescrits, au moyen de ses ressources personnelles.

ART. VII.

Pour remplir MM. Reverchon et Boyron de leur apport et des engagements par eux contractés, il leur est attribué dans les 300 actions de 1,000 fr. chacune, formant le capital social de 300,000 fr., créé en vertu de l'article 9 ci-après :

1° 50 de ces actions numérotées de 1 à 50, représentant la somme de 50,000 fr. qu'ils apportent en argent ou en à-compte payé sur la propriété de Valty.

2° 94 actions numérotées depuis 51 jusqu'à 144, représentant la somme de 94,000 fr. qu'ils demeurent chargés de payer dans le délai de quatre ans, pour réaliser l'acquisition de Royer.

La propriété de ces 144 actions appartiendra à MM. Reverchon et Boyron, dans les proportions convenues entre eux.

### ART. VIII.

Les 50 actions numérotées de 1 à 50, sont déclarées inaliénables, et restent attachées au registre à souche pour garantie de la gestion de MM. Reverchon et Boyron;

Quant aux 94 actions qui doivent compléter les 144 attribuées ci-dessus à MM. Reverchon et Boyron, elles demeureront attachées à la souche, et ne leur seront délivrées qu'en proportion des paiements qu'ils effectueront sur la portion de prix d'acquisition qu'elles représentent et contre des quittances authentiques.

Il est entendu que ces actions ne donneront droit à l'intérêt de 5 0/0 qu'au fur et à mesure de leur délivrance.

## DU CAPITAL SOCIAL.

### ART. IX.

Le capital de la Société est fixé à 300,000 f., et divisé en 300 actions de 1,000 fr. chacune. Sur ces 300 actions de 1,000 fr., 94 actions représentent les engagements pris par MM. Reverchon et Boyron, gérants, les 206 autres sont destinées, jusqu'à due concurrence, à fournir les capitaux nécessaires aux constructions, plantations, acquisition de cheptel, établissements d'industries et au roulement journalier des opérations.

ART. X.

Les actions sont tirées d'un registre à souche qui demeure déposé chez l'un des notaires de la Société.

Les actions sont numérotées depuis 1 jusqu'à 300, elles sont signées par MM. Reverchon et Boyron, gérants.

ART. XI.

Les actions sont nominatives et transférables ; ce transfert s'opère au moyen d'une déclaration faite par le porteur et par les gérants, tant sur le registre à souche que sur l'action elle-même.

ART. XII.

Tout souscripteur fera élection de domicile au siége de la Société et à défaut par lui de le faire, il sera censé avoir élu domicile en l'étude du notaire de la Société.

ART. XIII.

Le prix des actions est payable entre les mains des gérants ou chez les banquiers de la Société, MM. Robert et Meyrel, à Lyon; savoir : 1/5 d'ici au 1er juillet prochain, un autre 1/5 le 1er août suivant, et les derniers 1/5 de deux en deux mois. Cette disposition n'est pas applicable aux 94 actions attribuées à MM. Reverchon et Boyron, dont le prix sera réalisé aux termes des engagements exprimés dans le présent acte. Toute action ou portion d'action payée, porte intérêt à 5 0/0 du moment où son versement est opéré.

ART. XIV.

A défaut de paiement à l'échéance et après un simple commandement, resté sans effet pendant trois jours, l'action souscrite doit être vendue au profit de la Société, par le ministère d'un agent de change, aux risques et périls de l'actionnaire en retard, lequel demeure passible de la différence en moins que pourrait produire le prix de la vente, avec les intérêts à 6 0/0 des versements retardés, le tout sans préjudice des autres moyens de droit, et il ne pourra participer aux bénéfices qu'en justifiant le versement de la totalité de son action.

ART. XV.

Jusqu'au paiement final de chaque action, il n'est délivré qu'une promesse d'action nominative et transmissible, sous la garantie des cédants, quant aux paiements qui restent à faire.

ART. XVI.

Chaque action, indépendamment de l'intérêt à 5 0/0 par année, donne droit à 1/300e dans la propriété et dans les bénéfices qui pourront résulter de son exploitation.

ART. XVII.

Dans aucun cas les actionnaires ne pourront être tenus d'apport à la Société au-delà de leur mise. Tout nouvel appel de fonds est interdit.

ART. XVIII.

MM. Reverchon et Boyron renoncent à tout traitement

fixe, mais il leur sera attribué, pour leur double gestion, une part proportionnelle sur les bénéfices, après le 5 0/0 payé aux actionnaires, savoir : 1/5$^{e}$ pendant les cinq premières années, 1/10$^{e}$ pendant les cinq suivantes, et 1/12$^{e}$ pendant les cinq dernières.—En outre, la Société supportera leurs dépenses personnelles courantes, de logement, nourriture et voyages faits dans l'intérêt de la Société.

## ASSEMBLÉE GÉNÉRALE.

### ART. XIX.

L'Assemblée générale représentant l'universalité des actionnaires, ses décisions sont obligatoires pour tous, même pour les absents; elle se compose de tous les actionnaires propriétaires de trois actions. — Le porteur de dix actions aura deux voix; celui de cinquante actions ou au-dessus en aura trois. En cas d'absence, tout actionnaire peut se faire remplacer par un fondé de pouvoirs, pourvu qu'il soit actionnaire lui-même.

La délégation de trois actionnaires propriétaires d'une action donne au délégué actionnaire le droit de voter.

L'Assemblée n'est régulièrement constituée, qu'autant que les membres votants réunissent par leurs actions, la moitié du fonds social.

Si ce nombre n'est point atteint sur une première convocation, il en est fait une seconde à quinze jours de distance, et les membres réunis sur cette seconde délibèrent quel que soit leur nombre.

ART. XX.

L'Assemblée générale est convoquée par les soins des gérants, au moyen de lettres adressées aux propriétaires d'actions, dix jours avant celui indiqué pour la réunion.

L'Assemblée générale se tient au siége de la Société, au château de Royer. Elle se réunit chaque année dans les deux mois qui suivent le 11 novembre, pour : 1° entendre et connaître le rapport des gérants sur la situation générale des affaires; 2° pour la présentation et l'épuration des comptes pour l'année écoulée; 3° pour la délibération, à l'effet de répartir les dividendes.

ART. XXI.

Toutefois, aucune répartition de dividendes ne sera faite pendant les quatre premières années, les bénéfices résultant de l'exploitation pendant ce temps, devant rester au fonds social pour améliorations, établissements d'industrie plus étendus, augmentation du capital, fonds de roulement, etc. Les actionnaires, pendant ces quatre ans, ne percevront que l'intérêt à 5 0/0 de leurs actions.

ART. XXII.

Chaque année il est dressé, par les soins des gérants, un inventaire général de l'actif et du passif de la Société; cet inventaire fait nécessairement partie des pièces présentées à l'appui des comptes, lors de chaque assemblée.

ART. XXIII.

Dès la cinquième année et d'après la situation des

affaires de la Société constatée par l'inventaire, l'assemblée des Actionnaires décidera s'il y a lieu à une répartition des bénéfices ; cette répartition s'opèrera de la manière suivante :

La moitié des bénéfices sera attribuée aux Actionnaires.

L'autre moitié sera affectée à la création d'un fonds de réserve, dont il va être parlé dans l'article suivant.

Le paiement du dividende sera fait chaque année à la caisse des banquiers de la Société, immédiatement après la réunion de l'Assemblée générale.

### ART. XXIV.

Il sera établi un fonds de réserve formé par l'accumulation de la moitié des bénéfices annuels ; ce fonds est destiné à parer aux événements imprévus ; lorsqu'il s'élèvera à une somme excédant les besoins, l'Assemblée générale pourra, sur la proposition des Gérants, en faire l'application, soit partielle, soit totale, au remboursement d'une quotité quelconque de cette réserve et par à-compte sur chaque action, ou à l'acquisition de quelques propriétés utiles aux intérêts de l'exploitation ou de la Société.

### ART. XXV.

Chaque fois que les fonds de la caisse s'élèveront à une somme supérieure à 10,000 fr., le surplus sera déposé chez l'un des banquiers de la Société, ou placé en rentes sur l'Etat.

## DISSOLUTION DE LA SOCIÉTÉ.

ART. XXVI.

La Société finit par l'expiration des quinze années fixées pour sa durée; néanmoins, ce délai expiré, la Société, sur la déclaration formelle de la majorité des deux tiers des actionnaires, pourra se continuer sur les mêmes bases, ou se reconstituer avec les modifications que l'expérience aurait rendues nécessaires.

ART. XXVII.

La dissolution peut être prononcée avant cette époque, sur la demande de l'Assemblée générale; mais dans le cas seulement où les pertes éprouvées par la Société, s'élèveraient à plus d'un quart du capital social.

ART. XXVIII.

Dans l'une ou l'autre position, il est procédé à la liquidation des droits de tous les intéressés, suivant le mode qui en est alors déterminé par l'Assemblée générale.

ART. XXIX.

La Société ne finit pas par le décès ou la retraite de l'un des deux gérants ; il est pourvu à son remplacement de l'une des deux manières indiquées ci-après. Dans aucun cas, ni lui, ni ses héritiers ou ayant-cause, ne pourront faire apposer les scellés sur les registres, papiers et bureaux de la Société.

ART. XXX.

Chacun des gérants se réserve le droit de se démettre de ses fonctions en faveur d'un actionnaire qu'il désignera; mais il ne pourra user de ce droit qu'après trois années d'exercice.

Son successeur jouira de tous les avantages qui lui sont accordés ; il devra néanmoins être agréé par l'Assemblée générale.

ART. XXXI.

Dans le cas du décès de l'un des gérants , sa veuve, ses enfants ou ayant-droits devront, dans les trois mois qui suivront son décès, lui donner un successeur , en se conformant au deuxième paragraphe de l'article précédent.

Si ce successeur n'était pas agréé par l'Assemblée générale , il serait accordé aux ayant-droits du décédé un nouveau délai de trois mois , à partir de l'époque de ce refus.

ART. XXXII.

Le gérant démissionnaire ne peut quitter ses fonctions qu'après l'installation de son successeur.

ART. XXXIII.

En cas de décès de l'un des gérants, ou l'absence de sa part sans nomination de délégué , l'*intérim* est rempli par l'autre gérant , ou par un délégué désigné par lui.

ART. XXXIV.

Dès que le successeur de l'un des gérants est agréé, la

raison sociale est changée, et ce changement est publié conformément à la loi.

ART. XXXV.

Si quelques changements, modifications ou additions étaient jugées nécessaires ou utiles, ils ne pourraient avoir lieu que d'après le consentement des propriétaires de la moitié au moins du fonds social, réunis en assemblée générale à cet effet.

Fait à Lyon, le 1er juin 1842.

REVERCHON, BOYRON.

# PRINCIPES ET BUT.

La statistique des productions brutes de la France établit un revenu total estimé en argent à 8 milliards; savoir : 6 milliards en produits du territoire, et 2 milliards produits par les industries de tous genres. Cette richesse répartie sur les 34 millions de têtes dont se compose la nation , donne pour chacune d'elles 235 francs par année, et par jour 64 centimes.

A ces chiffres, il faut ajouter que deux milliards sont consommés par les trois millions de têtes qui constituent la classe aisée; ce qui réduit pour trente-un millions de Français, la dépense journalière à 52 centimes. Mais, si l'on considère encore que la population des villes forme près de la moitié de la population générale, et que cette population, placée dans des conditions plus onéreuses et plus exigeantes, consomme forcément plus de 52 centimes par jour, on arrive à cette conclusion douloureuse, mais évidente, qu'il y a en France la moitié de la population qui n'a, pour subvenir à ses besoins de toute l'année, que 160 francs ou 40 et quelques centimes par jour !

Ces faits, dans leur brutale mais rigoureuse vérité, ne sont-ils pas déjà une révélation de malaise et de souffrances.

Certes, quand la moitié d'une nation n'a pas de quoi subvenir à ses premiers besoins, cette nation est bientôt tourmentée, agitée dans ses bases; et quand, sur l'autre moitié, devenue plus exigeante à mesure que son intelligence s'est éclairée, il s'en trouve deux tiers qui peuplent les ateliers et les manufactures; qui, pour vivre, doivent exercer une profession malsaine et rapidement mortelle; qui, n'ayant ni repos du jour, ni confiance au lendemain, se voient chaque jour chômer, tantôt gagnant beaucoup, tantôt ne gagnant rien; alors assurément l'ordre public est menacé, la défiance et la crainte règlent les relations : il n'y a plus de repos, il n'y a plus de sécurité possible.

L'exubérance de la population en face des produits créés, l'insuffisance de la richesse nationale pour satisfaire les besoins des individus, en d'autres termes, la misère publique, tel est, on le comprend, le principe du mal qui perce partout ; tel est à la fois l'ennemi commun du bonheur privé, comme du bonheur public.

Le bonheur est sans doute impossible sans la santé et la liberté. Or, la santé, lorsqu'elle existe, est bien temporaire pour celui qui ne peut satisfaire ses besoins permanents de réparation et de conservation.

La liberté est-elle possible pour celui qui, retenu sous le joug d'une insuffisance matérielle continue, demeure asservi à des nécessités journalières, non satisfaites ; pour celui qui ne possède pas le loisir de respirer, de cultiver sa raison et son cœur, de vivre de cette nourriture, non moins substantielle pour l'âme et le corps, qu'on appelle *morale;* en un mot, la liberté de conscience, de sentiments et de pensée n'est-elle pas seulement un rêve pour celui que des privations de tout genre maintiennent l'esclave des premiers besoins?...

On ne peut donc plus s'étonner, si la société, menacée dans ses éléments constitutifs, est en proie à la crainte d'une dissolution; si, effrayée d'un malaise qui s'accroît avec le nombre de ses enfants, elle n'a plus de confiance au présent et plus de sécurité pour l'avenir.

La misère publique est le poison de l'ordre social, le principe destructeur, le fléau de toute stabilité et de toute prospérité nationale, et ce sera bien vainement qu'on lui opposera de stériles théories sociales, d'oiseuses prédications de réforme, si ces prédications et ces théories ne sont basées sur le principe générateur de toute amélioration, sur la création de la richesse et de l'abondance.

Les individus et les sociétés ont besoin de la richesse ou du bien-être; les uns pour leurs besoins, les autres pour leur repos : la richesse est donc incontestablement la base, la condition impérieuse et absolue de tout bonheur individuel, comme de tout ordre et de toute prospérité sociale.

## DE LA RICHESSE.

Si la richesse d'une nation est déterminée par le rapport de la production à la consommation, la France est une nation riche, car elle produit plus qu'elle ne consomme; l'Angleterre est plus riche encore, car c'est elle qui exporte le plus; mais la richesse sociale, telle que nous l'entendons et que l'entendent les classes laborieuses, est celle qui est déterminée par le rapport de la production avec le besoin de consommation. Il importe fort peu pour la moralité de la richesse, que l'on sache ce qu'est la consommation, par rapport à la production; mais il importe par-dessus tout que l'on sache quel est le besoin de la consommation et comment la production obtenue peut le satisfaire.

La France et l'Angleterre, à ces conditions, sont les nations les plus pauvres, car ce sont elles qui, eu égard aux besoins de leur population, produisent le moins. Recherchons donc la création de la richesse là où elle est réellement possible; recherchons-la dans l'augmentation des choses nécessaires à la vie, dans la production abondante de ce qui fait l'objet des premiers besoins.

La France possède 52 millions d'hectares de terres cultivables. Un hectare de terre médiocre, cultivée avec intelligence et soins, peut suffire aux besoins actuels de quatre personnes, deux adultes et deux enfants, ou trois adultes. Si toute la France était cultivée avec intelligence, elle pourrait donc alimenter, comme elle le fait maintenant, cinq fois plus de population; mais si la population restait ce qu'elle est aujourd'hui, elle pourrait consommer cinq fois plus; et comme l'abondance tend à créer le luxe et le perfectionnement, on peut dire que la nation s'en trouverait cinq fois mieux.

Mais, l'agriculture ne peut créer subitement cette abondance avec les conditions actuelles qui l'environnent. Ses travaux sont les plus répugnants parce que, pauvre elle-même, elle paie trop peu la main-d'œuvre qu'elle emploie; parce que ses travaux sont opiniâtres, longs, malpropres et malsains; parce que l'homme, créé pour la société, travaille et vit aux champs dans un isolement continu; parce que l'absence d'éducation théorique et pratique tient l'agriculteur dans l'ignorance et la routine, cet obstacle continu de tout progrès; parce que la faiblesse de ses revenus maintient l'agriculture dans un état d'abaissement qui éloigne d'elle les intelligences, les capitaux et les bras, pour les porter dans les grandes villes, ces centres de misère et de corruption.

Enfin, l'obstacle qui couronne et domine tous les autres, c'est l'isolement qui produit la faiblesse, c'est le morcellement qui gaspille et inutilise les forces, c'est l'insolidarité qui divise les hommes du même lieu et de la même forme.

La Société agricole-industrielle de la Ruche vient essayer un principe d'ordre au milieu de tant d'oppositions. Elle vient formuler, par voie d'application, les procédés qui doivent rendre à l'agriculture, unie à l'industrie, sa prépondérance naturelle, sa destination positive et réelle, qui est la création de l'abondance.

La Société de la Ruche indique aujourd'hui théoriquement, elle démontrera bientôt pratiquement les bases sur lesquelles elle opère, pour quadrupler la production actuelle des terres soumises à son exploitation; — pour doubler par l'industrie la valeur de ses produits primitifs agricoles; — pour créer au travailleur une source d'économie croissante qui, en l'attachant à la production et à la possession, doit le moraliser, le satisfaire dans ses besoins présents et garantir son repos de l'avenir; — pour ouvrir aux forces sociales une voie nouvelle d'activité, de laquelle doit surgir pour tous la satisfaction des besoins légitimes de progrès, de bonheur et d'ordre.

Si les déductions qui sont fournies sont fondées (et chacun est prié de les examiner avec soin), il en résultera une amélioration notable dans le sort actuel du travailleur, une augmentation énorme et rapide du capital employé et de son intérêt, et si cet intérêt, qui doit s'élever de 40 à 50 0/0, dès la cinquième ou sixième année, ressort bien réellement du mode nouveau d'exploitation, il est rationnel de penser que les capitaux, trouvant dès-lors un immense avantage à se porter sur l'agriculture industrielle, abandonneront bientôt les chances si souvent mortelles de l'industrie manufacturière ou commerciale, pour aller féconder la véritable source de toute richesse : la terre, ce foyer permanent de toute production. Alors les intelligences et les bras trouveront un immense aliment à leur activité incessante ; alors, la France sera réellement riche, car elle aura réalisé le bonheur pour chacun et l'ordre pour tous.

# VUE GÉNÉRALE SUR L'AGRICULTURE.

Une opinion à peu près généralement répandue en France, et surtout accréditée dans les grandes villes, est celle qui fait croire que toute propriété rurale ne peut donner au propriétaire qui n'exploite pas lui-même un revenu supérieur à 3 ou 3 1/2 0/0. Cette opinion, justement fondée quant à ce qui est, devient éminemment fausse quant à ce qui peut être. La plupart des terres cultivées en France ne donnent pas, sans doute, au propriétaire qui afferme, plus de 3 et rarement 4 0/0 de revenu ; mais faut-il en conclure qu'elles ne sauraient ou ne pourraient donner davantage ?

La valeur d'estimation en argent d'un sol est basée sur sa moyenne de production connue depuis quelques années ; or, la production de tout terrain est absolument subordonnée à son mode de culture. Plus la culture est intelligente et avancée, plus elle est productive ; il suffit pour s'en convaincre d'examiner les terres bien cultivées, quoique souvent médiocres, qui avoisinent certaines grandes villes et de les comparer à celles bien supérieures en qualité situées loin des grands centres de population. Ces dernières, ordinairement négligées, donnent dix fois et souvent vingt fois moins de produit que les premières, tandis que si elles étaient cultivées avec le même soin, elles donneraient trois ou quatre fois plus.

Les terres si riches du centre de la France; celles du Bourbonnais, du Berry, de la Touraine, sont louées aux fermiers de 10 à 30 francs l'hectare, et les terres d'Angleterre, de la Belgique, de la Prusse, celles de la Flandre, de l'Alsace, moins favorisées par la nature, mais beaucoup mieux cultivées, sont affermées de 100 à 400 francs l'hectare. Enfin, il est des terres tout-à-fait médiocres des environs de Paris et autres grandes villes, qui sont affermées de 600 à 1,000 francs l'hectare.

On ne peut donc raisonnablement conclure que, de ce qu'un terrain donne aujourd'hui de faibles produits, il ne pourra en donner de beaucoup plus considérables. L'expérience a prouvé à certains agronomes, qu'un même sol, après quelques années d'excellente culture, pouvait donner dix et vingt fois plus.

On ne peut non plus conclure que telle terre qui donne à peine aujourd'hui 4 0/0 ne pourra donner, dans quelques années, avec quatre ou cinq fois plus de fumier et une fois plus de travail, 20 et 30 0/0; il est, au contraire, très-rationnel de dire que cette terre rapportera d'autant plus de bénéfices que son exploiteur y apportera plus *d'intelligence*, plus *d'engrais* et plus de *travail.*

Enfin, on comprend facilement que sous l'influence des canaux et des chemins de fer qui, plus tard, couvriront la France et rapprocheront considérablement les distances, le prix des terres tendra progressivement à s'unitariser pour arriver à une moyenne en rapport avec le plus grand rendement qu'on pourra obtenir du sol, dans quelque localité que ce puisse être.

Jusqu'à ce jour, l'exploitation rurale s'est bornée à spéculer sur des produits bruts agricoles. On travaille beaucoup pour obtenir peu ; car généralement on force, on double, on triple la main-d'œuvre pour suppléer à l'engrais qui manque, tandis qu'il est universellement admis que

Pour améliorer un domaine, il faut de *l'engrais ;*

Pour obtenir de l'engrais, il faut du *bétail ;*

Pour nourrir du bétail, il faut des *fourrages ;*

Et pour obtenir des fourrages, il faut de L'ENGRAIS.

Tel est le cercle où tourne et tournera sans cesse l'agriculture : de *l'engrais*, des *fourrages*, du *bétail*, pour de *l'engrais.*

Les bénéfices des produits bruts sont, en outre, réalisés en-dehors de l'agriculture par l'industrie, qui s'en empare pour les transformer, avant de les livrer au commerce.

Si l'on n'en excepte quelques industries sucrières ou fromagères, on peut dire qu'aucune exploitation n'a songé à convertir, sur place, par l'industrie, les produits bruts de l'agriculture, afin d'éviter 1° les transports ; 2° les pertes de temps d'achats et de ventes ; 3° la détérioration des denrées ; 4° le chômage des mains-d'œuvre d'hiver ou des temps de pluie ; 5° la perte des résidus.

On doit donc poser en principe *général* et *absolu*, que pour réaliser de grands bénéfices en agriculture, il faut :

1° *Multiplier les cultures qui font obtenir le plus d'engrais ;*

2° *Greffer des industries sur chaque produit agricole*

*brut primitif, de manière à le transformer en produit secondaire, souvent tertiaire, d'un poids et d'un volume moindre, en même temps que d'un prix plus élevé ;*

3° *Organiser les travaux de telle sorte que le plus grand travail, comme le plus grand rendement, soit obtenu avec le moins de bras possible.*

## NOTICE ET GÉNÉRALITÉS

### SUR LA TERRE ET DÉPENDANCES DE ROYER.

La terre de Royer, qui va devenir le théâtre d'exploitation de la Ruche, est située dans le département de l'Allier, à 20 kilom., sud, de Moulins, à 4 kilom. d'un port de l'Allier, rivière qui se jette dans la Loire, et communique avec la Seine, par le canal de Briare. Royer, par eau, est à 30 heures de Paris, et n'en sera qu'à 12 heures seulement par le chemin de fer d'Orléans. Par la route royale, dont il n'est éloigné que de 4 kilom., il est à 30 heures de Paris, 18 heures de Lyon, 9 heures de Roanne.

Cette propriété, dont la totalité comprend 660 hectares est formée :

1° Du domaine des Prés-Saint-Loup, situé à 2 kilom. du domaine principal, et composé de 37 hectares, à peu près tout en prés arrosés, de première qualité.

2° Du Moulin, dont les eaux ne tarissent pas ; il est

distant de 2 kilom. du château, il comprend 7 hectares de terres, dont 5 sont convertis en prés arrosés et d'un rapport toujours assuré.

3° De la terre principale, appelée Royer, dont l'étendue est de 616 hectares en un seul ténement, et qui se divise en 7 domaines ; savoir :

1° Le domaine des Gentets ;
2° *id.* des Denisons ;
3° *id.* de la Chapelle ;
4° *id.* des Dames ;
5° *id.* de la Pierre ;
6° *id.* du Manoir ;
7° *id.* de Valty.

Le sol du Royer est argilo-sableux et présente, dans toute son étendue, une terre végétale à peu près uniforme, d'au moins 1 mètre de profondeur ; sa fertilité est remarquable pour toutes les céréales, les prairies naturelles, les plantes oléagineuses, les racines, etc.

Des essais de lin y ont très-bien réussi, les trèfles y sont d'une très-belle végétation et donnent souvent deux coupes dès la première année.

Les luzernes, qui sont à peine connues dans le canton, trouveront, dans les parties élevées, un terrain qui leur est le plus favorable.

La propriété est généralement en plaine ; cependant elle offre çà et là des élévations à pentes douces et prolongées qui offrent partout un écoulement facile aux eaux, ce qui permettra l'établissement d'une grande quantité de prés arrosés.

Les eaux y sont abondantes ; elles présentent un volume suffisant pour établir dans deux localités, deux

moulins à un ou à deux tournants ; les eaux des étangs nourrissent un poisson abondant et de bonne qualité.

Les bois y végètent avec une grande vigueur ; les forêts, toutes essence chêne et charme, sont assolées à 15 ans ; il existe, en outre, sur le sol, de nombreuses cloisons de champs formées de haies en chênes de la plus grande vétusté. Ces haies, qui devront disparaître pour faire place à des plantations nouvelles plus régulières, offriront à l'exploitation et, sans le secours des forêts, plus de combustible qu'elle n'en pourra consumer pendant 15 ans.

Les bâtiments du Royer sont étendus et nombreux ; ils se composent de neuf corps de domaines pour neuf fermiers ; du château et dépendances, vaste bâtiment à trois ailes, pouvant, avec quelques réparations, loger commodément de soixante-quinze à cent personnes séparément ; de plus, quatre petits bâtiments disséminés pour loger des vignerons, des gardes, avec leur famille.

Les 660 hectares dont se compose la terre de Royer dans tout son ensemble, sont aujourd'hui soumises à l'assolement suivant :

1° 150 hectares environ de forêts futaie et bois taillis ;
2° 100 hectares prairies naturelles arrosées ;
3° 7 hectares étangs ;
4° 2 hectares 70 ares vignes ;
5° 400 hectares terres labourables.

Quatre conditions d'une très-haute importance pour le présent et l'avenir se trouvent réunies sur la terre de Royer :

La première, c'est son voisinage de la route royale du

Nord au Midi et sa proximité de l'Allier; cette dernière condition permettra, dans quelques années, d'établir, pour le service de l'exploitation, un petit bateau à vapeur de la force de 6 chevaux, estimé 10,000 francs, pour le transport des produits de tout genre, soit à Paris, soit dans les villes qui bordent la Loire.

D'autre part, le tracé du chemin de fer de Vierzon à Bourges ne peut pas s'arrêter en cette ville; sa destination future est d'aller joindre la voie de Roanne. Les études déjà faites pour ce dernier tracé, font passer la voie de fer sur une commune voisine de Royer, le long de la vallée de la Loire, et le seul fait de l'établissement d'un chemin de fer, même dans un voisinage de plusieurs kilom., ferait doubler en quelques années la valeur des terres du canton.

La deuxième condition, c'est l'énorme quantité de combustible qui se trouve en superflu sur la propriété. Ce combustible, en même temps qu'il alimentera tous les besoins de chauffage et d'industrie, économisera les coupes de forêts, dont le rapport vénal sera infiniment augmenté.

La troisième condition, c'est l'extrême bas prix de la main-d'œuvre agricole et industrielle. Cette partie du Bourbonnais est peut-être, de France, le pays où le travail est le moins rétribué. Moyennant un franc par jour on trouve à choix des travailleurs qui se nourrissent sur ce prix.

La quatrième est celle relative aux constructions nouvelles que l'on aurait à faire. Sous ce rapport, Royer offre des avantages de premier ordre.

L'argile pour la brique, le sable pour les mortiers, y sont sous la main ; les hautes futaies fournissent le bois, et les scies mécaniques, horizontales et circulaires, nous abrègeront considérablement les mains-d'œuvre.

Trois choses seulement seront à acheter :

1° Le charbon pour cuire la brique. Des houillères situées sur la commune voisine le vendent à très-bas prix.

2° La chaux à bâtir. On la livre à 4 kilom. à 75 centimes l'hectolitre.

3° Enfin la main-d'œuvre, et nous venons de dire combien elle est peu payée dans le pays.

## PARTICULARITÉS DE FONDATION.

L'ensemble des propriétés comprises ici sous le nom de terre de Royer, est formé, ainsi qu'il est exprimé dans notre acte de société, de deux parties continues et liées, mais distinctes sous le rapport des intérêts et prise de possession.

La terre proprement dite de Royer, composée de 585 hectares, dont 542 d'un seul ténement, désignée sous le nom de château de Royer, a été affermée par les fondateurs gérants pour une durée de quatre années, sous la réserve expresse et acceptée d'en devenir acquéreurs durant ce délai. Le prix de vente a été réglé d'avance à 387,600 francs, c'est-à-dire à raison de 4 % de son revenu net actuel. Les paiements ont été également réglés d'avance, et il résulte de leurs conditions la plus grande facilité d'acquittement.

Cette location de quatre ans est faite pour le prix de 19,380 fr., représentant la rente à 5 0/0 du capital d'acquisition.

Sur le territoire et dans le centre des terres de Royer existait le domaine de Valty, de 72 hectares 60 ares. Sa position enclavée et très-rapprochée du château, serait devenue gênante pour la facilité de l'exploitation, la commodité et l'indépendance de l'habitation, en un mot, pour la régularité topographique du sol; les fondateurs s'en sont rendus possesseurs pour le prix de 38,500 fr. payables, savoir : 13,500 fr. comptants, et le surplus, de 25,000 fr., par portions égales de 5,000 fr., pendant cinq ans.

Le capital social d'acquisition et d'exploitation est porté à 300,000 fr. Son emploi est ainsi réglé :

15,000 fr. sont prélevés pour l'achat et la mutation du domaine de Valty.

94,000 fr. sont, aux termes de l'acte de société, tenus en réserve à la charge et sous la responsabilité des gérants, pour être comptés en temps requis au propriétaire de Royer, à l'effet de fournir le premier paiement convenu, pour que la vente en soit opérée. Cette réserve est une assurance et une garantie pour l'acquisition définitive.

Les 191,000 fr. qui complètent la somme de 300,000 fr. fourniront les capitaux nécessaires aux réparations des bâtiments, améliorations des terres, plantations, acquisition du cheptel, du mobilier de ferme, établissements d'industries, fonds de roulement, etc.

Ce capital primitif de 300,000 fr. devra s'accroître des bénéfices progressifs des premières années ; cet accroissement permettra dès-lors, toutes les améliorations projetées, et l'établissement d'industries nouvelles utiles aux intérêts de la Société.

En outre, un fonds d'amortissement, formé des réserves faites sur les bénéfices de chaque année, sera destinés au complet acquittement de Royer, et s'il y a lieu à l'achat de nouvelles possessions avantageuses à l'exploitation.

## ESQUISSE

### DES OPÉRATIONS AGRICOLES-INDUSTRIELLES

QUI SERONT FAITES PROGRESSIVEMENT SUR LA TERRE DE ROYER.

*Agriculture.* — Conformément aux principes que nous avons posés précédemment, la première amélioration à faire sera de multiplier les cultures qui font obtenir le plus d'engrais.

A cet effet, nous aurons à établir sur 510 hectares de terres cultivables, l'assolement suivant :

Il existe déjà 100 hectares de prairies naturelles arrosées ; nous les conserverons à leur état, sauf les meilleures irrigations et les engrais en cendres et chaux que nous y apporterons.

Les cendres et la chaux sont à très-bas prix dans la

localité ; les terres de Royer acquièrent une grande fertilité par l'emploi de ces engrais ; les expériences que déjà l'on y a faites à ce sujet, sont très-concluantes, et nous ne saurions mieux faire que de les continuer.

25 hectolitres de cendres par hectare, ou 100 hectolitres de chaux, et cela opéré sur 50 hectares de terres choisies, nous permettront d'établir de suite 50 hectares de prairies artificielles les plus riches, telles que la luzerne. Nous aurons ainsi 150 hectares de prairies de longue durée, en dehors de l'assolement des terres.

Sur les 360 hectares de terres arables, 40 seront prélevés pour être affectés à l'augmentation du jardin potager, bosquets, pièce d'eau, parc des volailles, veaux, moutons, etc. ; les 320 hectares qui forment le surplus, seront soumis à une rotation quatriennale, qui établira :

80 hectares en plantes à racines sarclées, dont 60 hectares en pommes de terre et 20 hectares betteraves fourragères,

80 hectares céréales diverses,

80 id. prairies artificielles annuelles,

et 80 id. plantes oléagineuses, sur lesquels nous aurons une récolte dérobée de carottes ou navets.

Les raisons qui ont déterminé le choix de cet assolement se trouveront justifiées à mesure qu'on suivra les combinaisons agricoles et industrielles qu'il apporte.

Ces raisons se réduisent à trois et rappellent les préceptes fondamentaux que nous avons posés.

1° Améliorer les terres et produire beaucoup d'engrais ;

2° Créer des produits qui s'allient facilement à des industries lucratives immédiatement praticables ;

3° Obtenir ces produits primitifs et secondaires à l'aide de la main-d'œuvre la moins considérable.

La culture des pommes de terre ne réclame qu'un seul labour, et, quoique assez chargée de main-d'œuvre pour ses sarclages, elle est nécessaire 1° parce qu'elle ameublit, par les travaux qu'elle exige, les terres fortes ; 2° parce qu'elle débarrasse le sol des mauvaises herbes ; 3° parce qu'après l'extraction de l'eau-de-vie et de l'esprit, qui paient la pomme de terre et les frais de manipulation, elle laisse une masse énorme de résidus servant au bétail d'excellente nourriture.

4° La culture des betteraves fourragères, outre un rendement en poids de tubercules plus considérable que celui de la pomme de terre, donne encore des fanes avidement recherchées par les bestiaux, et dont la cueillette égale une tonte de trèfles.

5° Les céréales sont nécessaires 1° pour fournir les pailles indispensables aux litières ; 2° pour les grains nécessaires à l'alimentation du personnel de l'exploitation ; 3° ils sont nécessaires aussi à la distillation des pommes de terre, dans laquelle ils doivent entrer en proportion régulière et déterminée ; 4° après avoir donné en esprit une valeur même supérieure à la valeur des grains vendus sur le marché, ils fournissent en résidus une nourriture copieuse et très-favorable à l'engraissement des volailles.

6° Les trèfles semés sur blé ne demandent point de culture. Tous les frais se bornent à la récolte. Leurs avantages sont : 1° de reposer la terre, d'économiser une fumure pendant l'année de récolte ; 2° de servir d'amendement et de fumure pour les plantes qui leur succèdent, par l'enfouissement en vert de la dernière tonte.

7° Les plantes oléagineuses semées sur le trèfle retourné, ne reçoivent qu'un labour à la charrue, et deux au scarificateur, dont un avant le semis de carottes : 1° Cette culture, par ses sarclages, nettoie le sol ; 2° elle fournit l'industrie facile de l'huilerie ; 3° elle donne des tourteaux précieux pour le bétail ; 4° elle permet une récolte dérobée de carottes, navets, et même, si l'on préfère, avec un léger labour au scarificateur, une seconde récolte, cameline ou madia-saliva, sarrasin ou maïs. Cette seconde récolte de plantes, qui n'occupe le sol que deux mois et demi à trois mois, est obtenue déjà dans beaucoup de localités ; elle doit donc être légitimement acquise à un sol qui, comme on le verra, doit être fertilisé chaque année par des engrais abondants.

Cet assolement produira en fourrages ou matière nutritive propre au bétail.

1° *Prairies naturelles.* — Un hectare de prairies arrosées donne de 45 à 50 quintaux métriques de foin par année (1). Nous ne comptons que sur 40 quintaux métriques ou 4,000 kil.; pour les 100 hectares, c'est 400,000 kil.

2° *Prairies artificielles de longue durée.* — L'hectare de luzerne donne annuellement 75 à 100 quintaux métriques (2). Nous ne compterons que sur 60 quintaux métriques ou 6,000 kil.; pour les 50 hectares, ce sera 300,000 kil.

(1) Voyez *Maison rustique*, tom. 1, *pag.* 343.

(2) *Maison rustique*, tom. 1, *pag.* 491.

3° *Pommes de terre.* Un hectare de pommes de terre donne de 20 à 30,000 kil. de tubercules frais (1); nous ne compterons que sur 16,000 kil. équivalant à 9,150 kil. fourrage sec, mais que nous réduirons à 4,000 kil., à cause des pertes de facultés nutritives que leur auront fait subir les opérations de distillerie : pour 60 hectares nous aurons l'équivalent en foin sec de 240,000 kil.

4° *Betteraves.* L'hectare en betteraves fourragères, donne jusqu'à 50,000 kil. de racines (2); nous ne compterons que sur 30,000, donnant un équivalent en foin sec de 13,000 kil., et pour 20 hectares, 260,000 kil.

5° *Pailles et Céréales.* L'hectare de céréales fumées donne plus de 3,500 kil. de paille (3); nous ne comptons que sur 3,000 kil., et pour 80 hectares, 240,000 kil. que nous n'ajoutons point aux fourrages, car toutes nos pailles seront à peu près employées pour litières. De plus, nous joindrons, pour cet usage, le produit en paille de 80 hectares colza qui, au rendement de 1,000 kil. par hectare, donneront, pour 80 hectares, 80,000 kil.

*Prairies artificielles annuelles.* Un hectare de trèfle donne annuellement 60 à 70 quintaux métriques (4); nous ne compterons que sur 50 quintaux métriques, ou 5,000 kil. : pour 80 hectares, ce sera 400,000 kil.

7° *Plantes oléagineuses.* Les graines de cette culture, converties en huile, laissent des tourteaux d'une excellente nourriture pour le bétail, ou d'un excellent engrais pour les champs. Ces tourteaux peuvent donner

(1) *Maison rustique*, tom. 1, *pag.* 438 et tom. 4, *pag.* 480.

(2) *Maison rustique*, tom. 2, *pag.* 45.

(3) *Maison rustique*, tom. 1, *pag.* 267 et tom. 4, *pag.* 475.

(4) *Maison rustique*, tom. 1, *pag.* 491.

jusqu'à 2,000 kil. par hectare, et sont deux fois plus nutritifs que le foin sec (1); nous ne compterons que sur un rendement de 1,000 kil., et en ne leur supposant que la même valeur nutritive du foin sec, nous aurons, pour 80 hectares, 80,000 kil.

8° *Carottes.* — *Récolte dérobée sur colza.* La carotte se sème dans les premiers jours de mars sur les colza en herbes; le colza enlevé dans les premiers jours de juin, laisse à la carotte tout le temps de mûrir.

Le rendement le plus ordinaire d'un hectare de carottes en seconde récolte, est l'équivalent de 94 quintaux métriques de fourrage sec (2); nous ne porterons que 80 quintaux métriques par hectares, et pour 80 hectares, 6,400 quintaux métriques, ou 640,000 kil.

Nous ne mentionnerons pas ici les résidus de la distillerie de grains équivalant à 80,000 kil. de graines sèches. Ces résidus devront être, en grande partie, consommés par les volailles à engraisser, ou être mélangés à la nourriture des porcs.

Cependant et même avec ces simples données, prises sur un rendement estimé très-bas, la totalité des matières alimentaires, recueillies sur le sol, pour la nourriture du bétail, estimé en foin sec, sera de 2,330,000 k.

Une vache laitière de moyenne taille, c'est-à-dire du poids vivant de 250 à 300 kil. (et ce sont celles que l'expérience a démontrées être les plus avantageuses pour l'industrie fromagère), ne mange pas par jour plus de 8 à 9 kil. de foin et paille mêlés ou environ 3 kil. 0/0

(1) *Maison rustique*, tom. 4, p. 480.
(2) *Maison rustique*, tom. 1, *pag.* 450.

de son poids vivant. Nous comptons, nous, les rationner à 10 kil. de foin sec ou leur équivalent en mélange avec nos résidus et tourteaux; ce sera, pour une année, 3,650 kil. ou 36 1/2 quintaux métriques (1).

La totalité de nos matières fourragères pourrait donc nourrir à l'étable, toute l'année, 640 têtes de gros bétail; nous n'en tiendrons en permanence que 560; savoir: 500 vaches laitières, 40 bœufs de labour et d'engrais, 20 chevaux tant de luxe que de labour.

Le surplus des fourrages équivalant à la nourriture de 80 têtes de gros bétail, servira au petit bétail, composé de veaux, pour la remonte des écuries, de porcs pour la vente et l'engrais, de moutons, pour la vente et la boucherie.

Les 640 têtes de gros bétail ou leur équivalent en petit bétail, produiront assez d'engrais pour fumer, chaque année, 230 hectares de terre, à raison de 225 quintaux métriques de fumier par hectare.

A cette masse d'engrais nous devons ajouter une masse considérable de compost fourni par des matières animales mélangées à de la terre et de la chaux; par des fosses situées au bas de toutes nos étables pour le recueillement des urines et purins; par les animaux de basse-cour, la volaille, la porcherie, les moutons, les vases des étangs, les herbes marécageuses, etc. Cette masse d'engrais dépassera certainement les besoins de fumure de 50 autres hectares. Ainsi, nous aurons des engrais pour fumer, chaque année, 280 hectares.

(1) *Maison rustique*, tom. 3, *pag.* 59, et tom. 4, *pag.* 470 et suivantes.

L'assolement indiqué plus haut établit une rotation de 4 ans et divise, d'une manière continue, nos 320 hectares de terres arables :

1° En 80 hectares de pommes de terre et betteraves fourragères, avec forte fumure.

2° En 80 hectares de céréales, avec une égale fumure.

3° En 80 hectares trèfles chaulés, ce qui, pour les terres du Royer, équivaut à une forte fumure.

4° En 80 hectares plantes oléagineuses sur trèfles retournés équivalant encore à une quatrième fumure.

Cette combinaison d'assolements nous met dans la nécessité de forcer la quantité des engrais d'écuries ; car sur 320 hectares de terres cultivées chaque année, 160 recevront leur fumure par la chaux ou les enfouissements de fourrages verts ; les 160 autres hectares devront donc recevoir tous les fumiers qui auraient suffi à 280 hectares ; aussi, au lieu de 225 quintaux métriques, qui sont déjà une fumure très-convenable, nos terres en recevront 337 quintaux métriques, une moitié de plus ; et encore il y aura un excédant suffisant pour fumer 40 autres hectares : cet excédant sera utilisé à la triple fumure d'une vingtaine d'hectares, pour cultures industrielles, jardins potagers, pépinières, etc.

Cet assolement donnera beaucoup plus d'engrais qu'il n'en absorbera ; il en résultera que toutes les terres exploitées recevront, chaque année, une très-forte fumure, et cela dès la fin de la troisième année ; car, dès cette époque, le matériel du bétail aura atteint le chiffre de 500 à 600 têtes, dont la nourriture sera fournie abondamment par la propriété, en fourrages et résidus des quatre soles.

Ainsi, sous l'influence de l'engrais animal et végétal, 1° de 560 têtes de gros bétail, fumant seulement 160 hectares; 2° de l'engrais calcaire et des cendres répandus sur les prés artificiels; 3° des composts formés de matières animales et végétales décomposées; 4° des engrais liquides si favorables aux prairies naturelles; il résultera en conséquence forcée et rigoureuse, que le sol de Royer sera bientôt arrivé à l'état des premières terres de France, et que son rendement ne sera plus celui que nous avons préjugé, et que nous avons estimé au minimum. Ce rendement deviendra double peut-être, sans pour cela augmenter les frais, autrement que pour les récoltes.

## COMBINAISON DES INDUSTRIES.

Le second principe général qui a été posé, c'est : *Engrener les industries qui convertissent les produits primitifs en produits secondaires et même tertiaires.*

1° *La Fromagerie* se lie d'une manière indispensable à l'agriculture sous le rapport de la production des engrais.

2° Elle convertit sans frais, à mesure qu'ils naissent, un grand nombre de produits agricoles fourragers.

3° Son rapport est régulier et assuré par des ventes faciles qui ont lieu tous les 3 mois.

4° Elle demande fort peu de main-d'œuvre eu égard à ses bénéfices.

5° Elle s'engrène à d'autres petites industries très-lucratives, telles que la fabrication du beurre, la porcherie, le blanchissage des toiles, etc., etc.

*L'Huilerie* est une industrie des plus faciles là où se trouve un cours d'eau; à Royer nous en avons plusieurs, comme nous l'avons dit. Cette industrie, envisagée sous le seul rapport de l'extraction de l'huile, donne des bénéfices sur la vente des graines à l'état brut; mais ce qui devient pour nous d'un plus grand avantage, ce sont les tourteaux ou résidus de graines, qui, donnés comme nourriture au bétail, augmentent sensiblement la quantité en même temps que la qualité du lait.

*La Distillerie*, qui commence à se répandre en France, est depuis long-temps exercée avec profit en Angleterre et en Allemagne. Toutes les pommes de terre, tous les grains, à l'exception de ce qu'il en faudra pour la nourriture des gens de la ferme, étant cultivés en vue d'être ajoutés à la nourriture du bétail, seront préalablement distillés pour en extraire l'eau-de-vie et l'esprit que ces matières contiennent. Sous ce rapport, cette industrie donne en produits distillés, un rendement en argent déjà supérieur à la valeur des pommes de terre et grains vendus sur le marché, et tous les résidus qu'elle laisse en abondance, sont autant de bénéfices nets à ajouter à ceux que donnent déjà la vente des eaux-de-vie ou esprits.

*Brasserie de bière*. La bière devient de plus en plus une boisson recherchée, ses produits seront toujours d'un facile écoulement; une brasserie donnera de beaux bénéfices par la vente, elle fournira de la seconde bière dont l'usage est des plus agréables comme boisson d'été; en outre, une abondante quantité de son de bière très-utilisable pour les vaches laitières, les porcs, la volaille, etc.

*Le Porc*, par ses élèves et son engraissement, devient une industrie avantageuse et sûre. Dans une ferme, il est une quantité de matières qui seraient perdues si elles n'étaient utilisées à cette nourriture ; de plus, la fromagerie laisse une très-grande quantité de petit lait qui seul nourrit bien les jeunes porcs jusqu'à l'âge de trois mois; le petit lait fourni par 500 vaches, nourrira donc 250 jeunes porcs jusqu'à trois mois (1), ce qui fait 1,000 pour douze mois. Mais on les réduira à 700, dont 500 seront vendus à trois mois et 200 conservés pour l'engraissement.

A cette industrie s'en joint une nouvelle, c'est la manipulation sur place de la viande de porc; outre que la ferme y gagnera tout le sang et le menu, elle bénéficiera sur la main-d'œuvre, la perte de temps pour vente, etc., et elle aura créé un produit tertiaire d'une conservation et d'une vente facile.

*La Volaille fine* vient à son tour donner de beaux produits : les éclosions artificielles ne peuvent donner d'heureux résultats qu'autant que l'on agit sur une grande échelle ; ce que les petites fermes ne peuvent faire avec profit, une grande ferme le fera avec succès. La distillerie de grains laissant les résidus d'au moins 60 hectares de céréales, ces résidus sont naturellement utilisables pour la volaille, à laquelle ils servent d'excellente nourriture. La volaille, en outre débarrasse les fumiers des graines de mauvaises herbes, toujours funestes aux récoltes; elle trouve autour des écuries, des granges et des cuisines, des graines éparses et des épluchures qui seraient perdues sans elle. Enfin la facilité des rapports avec Paris et autres grandes villes, fera de cette industrie

(2) *Maison rustique*, tom. 3, *pag.* 62.

une source de richesse obtenues avec agrément et sûreté. Les pigeons, les oies, les dindons, doivent être ajoutés comme complément à cette industrie.

*Les Plantes maraichères*, devant être cultivées à cause de la proximité des grandes villes et surtout de Paris : le petit pois, qui donne parfois 3 ou 4 litres, mais toujours plus d'un litre par mètre carré, plus de 10,000 litres par hectare; l'asperge, l'artichaud, le haricot vert, conservés par les procédés Appert, vendus dans la saison d'hiver à des prix élevés; le choux potager, celui de la choucroute, la chicorée, laissent espérer de grands bénéfices, car il nous en coûtera moins pour transporter en gros à Paris, qu'au jardinier pour transporter en petit, chaque jour, sur le marché d'une ville voisine.

*Les Abeilles* prospèrent très-bien à Royer, où elles sont entourées de toute part de forêts, de bruyères, de prairies et de légers cours d'eau. Comme elles vont jusqu'à 5 lieues chercher leur nourriture, on peut sans crainte élever le nombre des ruches jusqu'à 1,000, et même 2,000, éloignées les unes des autres et placées dans chaque extrémité opposée du grand domaine; ensuite aux prés Saint-Loup, au moulin, de manière à avoir 10 ruchers, distants les uns des autres de demi-lieue environ.

*Les Arbres fruitiers* réussissent si bien à Royer, qu'on ne peut négliger cette industrie si facile et si productive.

Il s'y trouve déjà des noyers, des pommiers et des poiriers plein-vent, d'une grosseur remarquable; le châtaignier y donne des fruits bons à manger; le pêcher et le prunier y croissent aussi admirablement. La vigne y donne du bon vin et en abondance.

*Une Scie mécanique*, mue par eau, débitera le gros bois des forêts en bois de service pour la charpente ou la menuiserie. On trouve dans ce genre d'industrie beaucoup d'éclats de bois à brûler ; le bois ainsi apprêté double de valeur pour la vente, que nous pouvons effectuer au loin par eau.

*Le Moulin* actuel est neuf, il est à une seule meule, mais il peut être mis à trois. Sa puissance devenue triple, sera avantageuse pour la mouture des grains du pays et rapportera trois fois plus.

Les eaux abondantes de Royer pouvant admettre en outre deux autres tournants sur divers points, ces tournants seront affectés à la scie mécanique, à l'huilerie, au battoir à blé, au sécateur de racines, hache-paille etc.

## ÉCONOMIE GÉNÉRALE DES MAINS-D'OEUVRE.

Le troisième principe posé a été celui-ci : *Organiser les travaux de telle sorte que le plus grand travail soit obtenu avec le moins de bras possibles ;* principe qui peut être rendu par : *Des bras étant donnés, produire le plus de travail possible.*

Au premier rang comme principe d'économie se trouve le choix de l'assolement.

Aujourd'hui la grande culture se borne à peu près exclusivement à produire et vendre du grain. Or, il est démontré par l'expérience, que cette culture est celle qui donne les plus faibles rendements. Les succès, au contraire, qui ont été obtenus en agriculture, ont toujours été le résultat de l'éducation du bétail, soit pour simples élèves, soit pour l'engraissement et les boucheries. Outre leur nécessité pour la fourniture des engrais, les animaux sont une force multiple, permanente, économique en même temps que productive avec l'âge par l'engraissement ; c'est-à-dire que son rendement est triple : Travail, engrais, argent.

Mais à ces faits acquis depuis long-temps à la science, nous ajouterons les avantages déjà appréciés dans quelques départements de l'Est, de substituer à l'engraissement du gros bétail l'industrie de la fromagerie, industrie si connue, si sûre, et si facile, qui demande peu de main d'œuvre en comparaison des bénéfices réguliers et continus qu'elle donne toute l'année.

En principe, l'assolement qui donne le plus de fourrage, est celui-là même qui emploie le moins de bras.

Si tout un domaine pouvait être converti en prairies vivaces et arrosées, la main-d'œuvre agricole se bornerait à la récolte. Aussi l'économie de l'assolement a pour règle de faire graviter et converger toutes les rotations de culture autour du type de l'économie agricole, la production des fourrages, en y associant toutefois les cultures indispensables aux besoins de l'exploitation.

Eu égard à toutes ces conditions et principalement au point de vue de l'économie des mains-d'œuvre, pour soutenir le sol en état prospère et obtenir les plus amples bénéfices : l'assolement des cultures à Royer a été réglé par la rotation quatriennale, dont nous avons montré plus haut les avantages et le rendement en fourrages. Les avantages économiques de main-d'œuvre ne sont pas moins notables, nous allons les analyser et les estimer en journées de travail.

La main-d'œuvre nécessaire à tous les travaux d'assolement, se compose, des fumures, labours, hersages, semis, sarclages et récoltes.

*Fumures.* — L'enlèvement des fumiers d'étable se fait chaque jour par 16 chariots chargés de 800 kil.; ils sont ensuite conduits sur les terres, aux pointes d'étangs convertis en prés, ou à la partie supérieure des terres. Chaque chargement et conduite d'une voiture étant supposés d'une heure, c'est 16 heures ou une journée et demie d'un homme, et par année, 547 journées d'homme, que nous ne portons que pour mémoire, ce travail devant figurer dans le compte général des charrois.

Une femme disperse en un jour, la fumure sur 2/3 d'hectare; mais à cause des fortes fumures données, établissons seulement sur 1/2 hectare : pour 160 hectares fumés, c'est 320 journées de femme.

*Labours.* — Ils se composeront de 80 hectares pour pommes de terre et betteraves, à un seul labour. Leurs nombreux sarclages et leur récolte ameublissent le sol, qui n'a plus besoin que d'un second labour à la charrue pour recevoir les céréales.

Les trèfles, labourés la deuxième année pour être suivis du semis des plantes oléagineuses, ne supportent qu'un seul labour.

Ainsi, par année il n'y aura qu'un seul labour à donner pour 240 hectares; c'est 720 journées de travail pour un homme et pour un attelage de 3 bêtes, dont 2 bœufs et un cheval, ou 4 bœufs.

*Hersage.* — Le hersage ne se fait que sur les céréales, les graines oléagineuses, et les 20 hectares de betteraves, c'est-à-dire sur 180 hectares. Un homme hersant plus de 2 hectares par jour, disons 90 journées de travail pour un homme avec un fort cheval ; mais comme deux hersages sont par fois nécessaires, l'un avant, l'autre après le semis, ou bien l'un d'eux remplacé par un roulage, nous compterons 180 journées de travail.

*Semis.* — Le semis des graines de céréales, avec trèfles, des plantes oléagineuses, des carottes sur colza, et des betteraves, se fera sur 240 hectares : un homme sème 5 hectares en un jour ; pour 240 hectares ce sera 48 journées d'un homme.

*Plantations* de pommes de terre. Cette opération agricole se fera sur 60 hectares ; une femme pour les apprêter et découper les gros tubercules ; trois femmes pour placer les pommes de terre dans le sillon en suivant la charrue. Total quatre femmes plantent en un jour un hectare. Pour 60 hectares c'est 240 journées de femmes.

*Sarclages* de pommes de terre ou betteraves. Un homme sarcle, par jour, à la houe à cheval 2/3 d'hectare de pommes de terre ou betteraves. Pour deux sarclages d'un hectare, c'est 3 journées et pour 80 hectares 240 journées d'homme. Pour achever ce travail à la houe et arracher les mauvaises herbes restantes, 9 journées de femme par hectare, et pour 80 hectares 720 journées de femme.

Les sarclages des carottes sur colza se faisant avec des instruments tirés par des chevaux, réduisent considérablement les binages à la main ; 9 journées suffisent pour opérer, par ce mode, les travaux de sarclage nécessaires à un hectare ; ainsi, c'est pour les 80 hectares 720 journées de femme et 80 journées d'homme.

*Récoltes.* Comme nos pommes de terre sont destinées à la distillerie, la récolte peut, sans aucun inconvénient, en être effectuée par la charrue; elle exige 12 journées de femme et 2 journées d'homme par hectare: pour 60 hectares, c'est 720 journées de femme et 120 journées d'homme.

La récolte des betteraves se fait par arrachement; il faut 20 journées de femme et 2 journées d'homme pour un hectare, et pour 20 hectares 400 journées de femme et 40 d'homme.

*Les Céréales*, moissonnées à la faucille, exigent 12 journées de femme par hectare, pour 80 hectares, 960 journées. (La récolte à la faux n'exigerait que 4 hommes et 4 femmes par hectare.)

*Les Plantes oléagineuses* exigent un tiers de main-d'œuvre en moins que les céréales; pour 80 hectares, ce sera 640 journées de femme.

*Les Carottes* ayant été semées dès le printemps sur les colzas, tous les sarclages, binages faits aux colzas auront profité aux carottes. Ainsi, après le semis, les mains-d'œuvre se borneront à la récolte. Quarante femmes sont nécessaires pour arracher et lever les produits d'un hectare; pour 80 hectares, ce seront 3,200 journées de femme.

*Les Prés* exigent la journée de 3 hommes pour faucher un hectare, pour deux coupes 6 journées d'homme et pour 100 hectares 600 journées.

Les 50 hectares de prairies artificielles luzerne à quatres coupes, 600 journées.

Les 80 hectares prairies artificielles tréflés à deux coupes, la troisième étant enfouie: 480 journées d'homme.

Les fanages de 100 hectares de prés exigent le travail de six femmes par hectare, pour les deux tontes; les 100 exigeront 600 journées de femme.

Les fanages de 50 hectares de luzerne exigent 600 journées de femme.

Les fanages de 80 hectares de trèfles exigent 480 journées de femme.

La récapitulation des mains-d'œuvre nécessaires aux travaux d'assolement, donne

| | |
|---|---|
| En journées d'homme, | 3,655 |
| En journées de femme, | 9,600 |

Ces sommes de journées sont calculées d'après les données de Thaër, de MM. Mathieu de Domballe, Nivière, et d'après l'expérience-pratique du gérant d'Agriculture. Mais dans le but soit de compenser les maladies, les absences forcées, soit de garantir la perfection du travail, en diminuant la durée actuelle des journées, soit pour asseoir nos chiffres sur des bases indubitables, nous ajouterons 1/10 en plus, et nous dirons :

| | | |
|---|---|---|
| Journées d'homme, | 3,655 | 4,010 |
| Journées imprévues, | 365 | |
| Journées de femme, | 9,600 | 10,560 |
| Journées imprévues, | 960 | |
| Total, | | 14,570 journées, |

ou le travail de 48 personnes toute l'année.

Il est des travaux qui n'ont pas été estimés en journées; ce sont ceux des bêtes de somme, bœufs et chevaux.

Les labours exigent 2,880 journées de bœuf.

| | |
|---|---|
| Les récoltes de pommes de terre, | 480 journées de bœuf. |
| Les hersages, | 180 journées de cheval. |
| Les sarclages à la houe, | 240 — — |
| Les sarclages au scarificateur, | 80 — — |

C'est-à-dire 3,360 journées de bœuf, ou le travail de 16 à 18 bœufs pendant 200 jours. D'autre part, 500 journées de cheval, ou le travail de 2 à 3 chevaux pendant 200 jours.

MAINS-D'OEUVRE NÉCESSAIRES AU JEU DES INDUSTRIES.

*La Fromagerie* spéculera sur le lait de 500 vaches. Une femme fait 3 fois par jour la traite de 12 vaches, à 7 minutes par vache. Total, 84 minutes, soit 90 minutes ou 1 heure 1/2 répétées 3 fois, ou 4 heures 1/2 par jour pour 12 vaches, ou la 1/2 journée d'une femme; et pour 500 vaches la 1/2 journée de 42 femmes, ou la journée pleine de 21 femmes, que nous porterons à 32, les 11 femmes exédantes seront utilisées aux soins des chambres, des cuisines, des jardins, ou mieux, seront occupées à la distribution des aliments au bétail.

A ces journées, il faut ajouter celles de 3 fromagers et 1 conservateur des fromages au magasin.

La confection du beurre qui, fabriqué en grand, exigera la journée d'une femme pour surveillance et mise en pain.

*L'Huilerie.* Le travail de 3 hommes produisant 3 1/2 à 4 hectolitres d'huile par jour, pour 5 à 600 hectolitres d'huile par année, ce sera 425 journées de 3 hommes, soit 600 journées de 2 hommes toute l'année.

*La Distillerie* de pommes de terre exige la journee de 2 hommes pour tous les soins nécessaires à une distillation de 35 hectolitres par jour, pour les 12,000 hectolitres produit de 60 hectares, c'est 688 journées d'hommes ou 2 hommes toute l'année; car la distillerie ne peut chômer les jours fériés.

Pour la distillerie des grains, 2 ouvriers distillent par jour 1,000 kilogrammes de grains. La totalité des grains à distiller devant être d'environ 75,000 kilogrammes, exigeront 160 journées, ou le travail de 6 mois d'un seul homme, que nous porterons à une année pour plus d'aisance à la distillerie de pommes de terre.

*Brasserie.* La brasserie de bière exigera le travail de 2 hommes toute l'année pour la fabrication de 75 hectolitres de forte bière par semaine.

*Porcs.* Tous les soins que nécessitera la porcherie seront amplement fournis par les journées de deux hommes et de trois femmes.

*Volailles.* Cette industrie comprend l'éclosion de 100 œufs par jour, les soins de la jeune volaille, le chaponnage et l'engraissement, pour être vendus à 4 ou 5 mois.

Ces divers soins exigent toute l'année : 1° une femme pour les fours à éclosion; 2° deux femmes pour les besoins des jeunes volailles; 3° deux femmes pendant 6 mois pour le chaponnage de volailles qui équivalent à une journée de femme pendant toute l'année; 4° quatre femmes pour les soins de propreté et d'engraissement. Total : huit femmes toute l'année; soit dix femmes pour plus d'aisance dans le travail.

*Les Plantes maraîchères.* En admettant les soins continus de deux jardiniers par hectare, on peut compter sur 10 hectares de jardins qui demandent vingt hommes. Cependant on pourrait de beaucoup diminuer ce nombre, si l'on songe que les travaux des jardins seront aidés par les hommes et femmes souvent inoccupés aux divers travaux d'intérieur.

*Abeilles.* Les 1,000 ruches seront divisées en 10 abeillers de 100 ruches. Pendant 11 mois de l'année, un seul surveillant suffira à ce nombre ; pendant le mois de mai, où les abeilles essaiment, il faudra deux hommes par rucher, ou vingt hommes pour un mois, équivalant au travail de deux hommes pour toute l'année ; avec le surveillant, trois hommes.

*Arbres fruitiers.* Les jardiniers, à qui appartient leur soin, étant chargés de leur culture, ne figureront ici que pour mémoire.

*Vigne.* La vigne sera portée à 10 hectares, et sa culture nécessitera, pour ouvrage d'hiver, 100 journées d'homme ; les deux labours, 480 ; la taille, 60 ; le relevage et posage des échalas, 60 journées de femme ; la récolte, 10 journées d'homme et 80 journées de femme, c'est-à-dire 650 journées d'homme et 140 journées de femme, ou deux hommes et une femme.

*Les Scies mécaniques* auront besoin de deux hommes pendant 6 mois, équivalant à un homme pour une année.

*Le Moulin* exige deux hommes toute l'année.

*Le battoir à blé.* Quatre personnes, pendant 2 mois, exécuteront tous les battages des céréales ; ce travail équivaut à 200 journées d'un homme ; supposons 300 journées ou le travail d'un homme pendant toute l'année.

*Coupe-racines.* Deux personnes seront occupées toute l'année à ce travail.

*Hache-foin.* Deux personnes également toute l'année, pour fournir aux besoins journaliers.

*Charrois.* Dix charretiers seront occupés pendant toute l'année à tous les charrois de fumiers, récoltes diverses, transports intérieurs et extérieurs.

*Cuisines.* Deux hommes et six femmes pendant toute l'année.

## *Ateliers.*

| | | | |
|---|---|---|---|
| Bûcheron, | 1 | homme toute | l'année. |
| Menuisiers-ébénistes, | 2 | id. | id. |
| Tourneurs-charrons, | 2 | id. | id. |
| Charpentiers, | 2 | id. | id. |
| Maçons, | 2 | id. | id. |
| Plâtrier, peintre et vitrier, | 1 | id. | id. |
| Bourrelier, | 1 | id. | id. |
| Serrurier-maréchal, | 1 | id. | id. |
| Lingerie et blanchisserie, | 5 | femmes, | id. |
| Tailleur, | 1 | homme, | id. |
| Cordonnier, | 1 | id. | id. |
| Barbier-coiffeur, | 1 | id. | id. |
| Boulanger, | 1 | id. | id. |
| Boucher, | 1 | id. | id. |
| Charcutier, | 1 | id. | id. |

## *Administration.*

| | | | |
|---|---|---|---|
| Caissier, | 1 | homme toute | l'année. |
| Teneurs de livres, | 2 | id. | id. |
| Copiste, garçon de bureau, | 1 | id. | id. |
| Directeur des terres, fumures, labours et sarclages, | 1 | id. | id. |

| | | | |
|---|---|---|---|
| Directeur des récoltes, greniers, fenils et racines en magasin, | | homme toute | l'année. |
| | 1 | id. | id. |
| Directeur des moulins, huilerie, scierie, battoirs, sécateur, hache-paille, | 1 | id. | id. |
| Directeur des ateliers, | 1 | id. | id. |
| Directeur de l'intérieur et bâtiments, | 1 | id. | id. |
| Aumônier, | 1 | id. | id. |
| Médecin, l'un des gérants. | | | |
| Pharmacien, l'un des associés-directeurs. | | | |
| Maître de dessin, l'un des gérants. | | | |
| Professeur de musique, | 1 | id. | id. |
| Professeur d'équitation, d'escrime et de natation, | 1 | id. | id. |
| Professeur de langues anciennes et modernes, | 1 | id. | id. |
| Professeur de mathématiques, physique, chimie, histoire naturelle, etc., | 1 | id. | id. |
| Surveillants pour les enfants des deux sexes, | 1 | id. | |
| | 1 | femme, | id. |
| Médecin-vétérinaire, | 1 | homme, | id. |
| Maître acheteur de bestiaux, | 1 | id. | |
| Maître de réceptions, | 1 | id. | id. |
| Garde-chasse, | 1 | id. | id. |
| Portier-concierge, | 1 | id. | id. |
| Piéton pour lettres et journaux, | 1 | id. | id. |

Les travaux ressortant de l'assolement des terres, estimés en journées de travail, pour chaque catégorie, équivalent à quarante-quatre personnes, que nous avons augmentées d'un dixième pour les chances de maladie, absences, etc.; soit quarante-huit personnes, dont treize à quatorze hommes et trente-cinq femmes, mais dans ce personnel de trente-cinq femmes, il faut en comprendre un tiers ou moitié de jeunes garçons de treize à dix-neuf ans, payés au même prix que les femmes.

Total des travaux d'assolement pour l'année (1), quarante-huit personnes.

Les travaux ressortant des industries ont été augmentés déjà de leur dixième, plus ou moins, en traitant du personnel à l'article de chacune de ces industries séparées. Ces travaux, convertis en journées, donnent :

| | |
|---|---|
| Journées d'homme, | 57 |
| Journées de femme, | 53 |
| Total. | 110 |

Les travaux des ateliers pouvant s'alterner, s'engrener les uns avec les autres, se recruter les uns des autres, ne doivent point comporter de dixième d'augmen-

(1) La *Maion rustique* prend pour exemple l'exploitation d'un domaine de 135 hectares; elle ne demande, pour tous les travaux agricoles dont il est susceptible, que treize personnes comme maximum de travail. Les terres soumises à notre exploitation n'ont que trois fois, environ, l'étendue du domaine cité, et ne demanderaient, comme maximum, que trente-neuf personnes. Nous avons préféré spéculer sur le nombre de quarante-huit, comme faisant espérer un travail mieux fait et plus assuré.

tation ; car ils ne sont jamais de rigueur. Ils donnent au total, pour

| | |
|---|---|
| Journées d'homme, | 18 |
| Journées de femme, | 5 |
| Total, | 23 |

Les travaux d'administration rentrant dans les mêmes conditions que ceux d'atelier, nous compterons en personnel, pour l'année,

| | |
|---|---|
| Journées d'homme, | 21 |
| Journée de femme, | 1 |
| Total, | 22 |

Total général des personnes pour accomplir en un an, à 300 jours de travail, à 10 heures par jour, tous les travaux des champs, des diverses industries des ateliers, administration,etc.,etc., 203 personnes de 12 à 65 ans.

Au-dessous de 12 ans, comme au-dessus de 65 ans, les travaux ne seront plus estimés : la Société les considère comme compensation de la nourriture, du logement, de l'instruction et des soins qu'elle donnera alors gratuitement à tous les enfants et vieillards. Ce personnel ambiant ne figurera point aux chapitres des rétributions ; car en moyenne l'enfant, dès sa naissance, jusqu'à 12 ans, gagnera assez pour couvrir ses dépenses, comme le vieillard, depuis 65 ans à sa mort, couvrira également, par des travaux à sa portée, tous les frais de ses dépenses diverses.

## BALANCE GÉNÉRALE

### DES RECETTES ET DÉPENSES.

Le rendement des terres, aussi bien que les opérations qui viennent d'être énoncées, ne pourront certainement pas être, dès la première année, tels qu'on vient de les lire : ce ne sera que progressivement, et par des améliorations successives, qu'elles y parviendront ; déjà la quatrième année verra la plupart des combinaisons industrielles établies, mais à la cinquième année, elles seront en plein exercice, et les terres ayant toutes passé par notre assolement quatriennal, ayant par conséquent toutes reçu d'abondants engrais et de puissants amendements, seront voisines d'atteindre le degré de fertilité dont elles sont susceptibles. C'est donc sur la cinquième année que nous spéculerons pour donner la balance générale des recettes et dépenses.

### RECETTES.

1. *Fromagerie.* Une vache laitière bien choisie, de moyenne taille, donne une moyenne de 8 à 12 litres de lait par jour, pendant 300 jours de l'année. Le gérant d'agriculture, qui a été directeur de fromagerie, et qui possède sur le choix du bétail une pratique spéciale, n'a jamais eu dans ses étables, au moins depuis plus de 6 ans, une vache moyenne taille qui donnât moins de 9 litres par jour, pendant 300 à 320 jours.

Pour nous garantir toute sûreté, nous établirons nos

calculs sur une moyenne de 6 litres par jour qui, pendant 300 jours, égaleront 1,800 litres. Cette quantité de lait, avant d'être convertie en fromage, donne dans les fromageries 1 kil. de beurre pour 30 litres de lait; mais afin de donner au fromage une qualité supérieure, il n'en sera prélevé, avant la fabrication, qu'un kil. sur 45 litres; alors le petit-lait restant après le fromage enlevé, donnera du beurre de petit-lait dans le rapport de 1 kil. pour 150 litres de petit-lait, soit :

1° Pour 1,600 litres de petit-lait, par vache, 11 kil. à 1 fr. le kil., 11 fr.

2° Le rendement en fromage est de 1 kil. pour 12 à 14 litres. Etablissons 1 kil. pour 13 litres, pour 1,800 litres de lait, 139 kil. de fromage mi-gros, à 1 fr. le kil., ci. 139 fr.

3° 40 kil. beurre de fruitière, qualité supérieure, à 1 fr. 60 c. le kil. 64 fr.

4° Un veau vendu, de 15 à 18 jours. 22 fr.

5° En outre, 1,600 litres de petit lait, affectés à l'éducation des porcs, portés ici pour mémoire.

6° 75 quintaux métriques de fumier, à 1 fr. le quintal, 75 fr., portés pour mémoire.

7° 50 jours de travail dans l'année, qui pourraient être demandés à chaque vache, mais qui ne figurent ici que pour mémoire.

Total du rendement d'une vache, en produits encaissés, 236 fr., et pour 500 vaches, 118,000 fr.

2. *Huilerie.* Un hectare de colza, fumé et soigné ainsi que nous l'avons indiqué, rend de 25 à 34 hectolitres de graines. Nous ne porterons en compte que 25 hectolitres. Un hectolitre rend 25 kil. d'huile qui, vendue à 1 fr.

20 c. le kil., donne 750 fr. par hectare, et pour 80 hectares, 60,000 fr.

3. *Distillerie.* L'hectare de pommes de terre, dans les conditions de bonne culture, donne de 20 à 30,000 kil. tubercules; nous avons compté 16,000 kil. qui donnent en esprit, à 10 litres pour 100 kil., 16 hectolitres, vendus 40 fr. l'hectolitre. — 640, etp our 60 hectares, 38,400 fr.

4. *Distillerie de grains.* L'hectare de céréales, convenablement fumé, donne de 20 à 30 hectolitres de blé froment, semences déduites, et les autres céréales, seigle, orge, fournissent davantage. Nous comptons sur un produit moyen de 20 hectolitres par hectare. Un hectolitre rend en esprit 24 litres, ce qui fait 480 litres pour le produit d'un hectare. Sur la récolte de 80 hectares céréales, 30 seront réservés pour la nourriture. Ainsi, les céréales de 50 hectares seront distillées, et donneront 240 hectolitres à 40 fr. 9,600 fr.

6. *Brasserie de bière.* Outre la boisson, dite seconde bière, qu'elle laissera pour le service la maison, elle deviendra la source de grandes économies, en livrant à l'exploitation la forte bière à 12 c. le litre, prix de revient. En outre, la brasserie pourra livrer au commerce 50 hectolitres de bière par semaine; le bénéfice est ordinairement de 12 à 14 fr. par hectolitre; ne fût-il que de 10 fr., cela donnerait 500 fr. par semaine, et par année, 26,000 fr., que nous réduirons, suivant notre principe de minimum, à 12,000 fr.

6. *Céréales.* Le blé de 30 hectares doit être réservé pour les besoins alimentaires du personnel, au rapport de 20 hectolitres par hectare, ce sera 600 hectolitres qui, vendus au dehors, rapporteraient, à 20 fr. l'un,

12,000 fr., et qui seront remis au compte de la boulangerie au même prix. 12,000 fr.

7. *Porcs*. Le petit-lait fourni par 500 vaches, peut suffire pour amener 250 jeunes porcs jusqu'à l'âge de 3 mois, ce qui fait 1,000 pour 12 mois; mais il convient de les réduire à 700, dont 500 seront vendus à 3 mois, et les 200 autres, conservés pour l'engraissement. De 3 mois à un an, la dépense de ces 200 derniers, en petit-lait, son, et résidus, égale à peu près la dépense des 500 jeunes, pour la vente trimestrielle.

Les 500 jeunes porcs, vendus à 3 mois, à raison de 20 fr. l'un, font 10,000 fr.

Les 200 autres engraissés vaudront, à un an, 100 fr. ci. 20,000 fr.

Ces 200 porcs engraissés, tués et préparés par la *charcuterie*, doubleront de valeur par cette industrie; mais nous réduirons d'un tiers ce dernier produit, que nous porterons à 13,000 fr.

8° *Moutons*. 250 moutons, belle race, engraissés chaque année pour les besoins courants du personnel et pour la vente, donnent un bénéfice variable entre 10 et 20 fr. par tête, soit 10 fr. par tête; pour 250 têtes, 2,500 fr.

9° 100 *œufs* éclos chaque jour, dans des fours à éclosion, donneraient, par année, 36,000 volailles, que nous réduirons, pour mortalité, accidents, à 18,000. Les volailles, chaponnées à 4 mois, engraissées dans l'espace de 15 jours à 1 mois, seront vendues à 5 mois; leur prix courant, dans les grandes villes, varie de 3 à 8 francs, suivant la qualité et la saison.

L'exploitation de la *Ruche* devra, surtout, combiner ses éclosions et engraissements, pour livrer au commerce les volailles au moment le plus favorable à la vente, alors qu'elles valent 5 à 6 francs la pièce. Mais, pour ne coter qu'au plus faible, nous les porterons à 2 francs, et pour 18,000, 36,000 fr.

10° *Plantes maraichères.* L'une des plantes maraichères les plus lucratives, est celle des petits pois; sa récolte et son écossage fourniront aux enfants une occupation facile. Un mètre carré produisant au minimum, par an, 1 litre de petits pois, 1 hectare, qui est de 10,000 mètres, en produira 10,000 litres écossés, qui, conservés par les procédés Appert, pour être vendus l'hiver, depuis décembre jusqu'en mars, se vendent aujourd'hui de 3 à 8 fr. le litre.

Nous ne portons le prix du litre qu'à 1 fr. Dès-lors, l'hectare rapportera 10,000 fr. Le litre de petits pois pèse un kil. environ; il est conséquemment moins cher que la grosse viande. A ce prix, Paris seul nous offrirait un débouché considérable et assuré.

Un hectare d'autres cultures potagères, telles que celle du choux, donne en moyenne 3,000 fr., lorsque les produits sont vendus dans la saison de leur récolte; mais conservés pour être vendus en hiver, leur prix est souvent triplé. Nous ne compterons, néanmoins, que sur le rendement de 3,000 fr. par hectare, pour le choux, l'asperge, l'artichaut, le haricot, le céleri, etc.

Nous admettrons une culture maraichère d'autant plus étendue que les écoulements des produits seront plus faciles et plus lucratifs. En comptant sur une culture de 10 hectares, nous aurions 2 hectares petits pois au produit de 20,000 fr.; soit seulement 15,000 fr.

8 hectares d'autres légumes, 24,000 fr.

11° *Abeilles*. Les abeilles donnent d'autant plus qu'elles sont mieux soignées; elles ont rapporté, à des spéculateurs, de 16 à 20 fr. par ruche; nous ne compterons que sur 10 francs. Au bout de 4 ans, les 100 ruches existantes auront, par leurs essaims recueillis, porté leur nombre primitif de 100 à 1,200 ruches. Au prix de 10 fr. l'une, 12,000 fr.; soit seulement 10,000 f.

12° *Les Arbres fruitiers* sont d'une très-belle venue et d'un rapport régulier; ils donnent, chaque année à la vente, quelques cents francs déjà. Dès la première année, on en plantera quelques milles, dont le rendement, au bout de 4 ou 5 ans, deviendra assez important pour être estimé en argent; mais nous ne les estimerons pas, les laissant au profit de l'exploitation.

12° *La Vigne*. Les 10 hectares de vigne, au rapport de ce qui existe aujourd'hui, dans 4 ans donneront environ 30 pièces de vin à l'hectare, et pour 10 hectares, 300 pièces, au prix de 25 fr. la pièce; soit 7,500 fr.

14° *La Forêt*. Les 150 hectares de forêts sont assolés à 15 ans: c'est, pour chaque année, 10 hectares à couper. Le produit d'un hectare se vend, dans le pays, de 5 à 1000 fr., pour bois à brûler; mais le débit que feront les scies mécaniques des produits forestiers en bois de service pour charpente, menuiserie, tonnellerie, charronnage, bois de marine et bois de chauffage, doit tripler au moins, sous la distribution d'un habile bûcheron, la valeur des bois bruts, si l'on songe surtout que les forêts ont beaucoup de bois de futaie; mais, en ne basant nos calculs que sur le rendement de 1,000 fr. par hectare, nous en aurons, pour 10 hectares, 10,000.

15° *Moulin*. Le moulin, dans son état actuel, avec un seul tournant, est affermé 600 francs, et il alimente toute une famille; son rendement doit être, au moins, de 1,500 fr. Lorsque trois tournants y auront été établis, son produit brut s'élèvera bien à 2,000 fr., surtout si l'on songe que dans nos mains, il ne se bornera pas au service des communes, mais qu'il moudra toute l'année pour notre compte nos blés produits ou achetés qui, convertis en farine, donneraient déjà des bénéfices, et de plus, tous les sons pour l'éducation et l'engraissement des animaux: sa recette pourrait même s'élever à 4 ou 5,000 fr.; nous ne porterons que 2,000 fr.

Le total approximatif des recettes s'élève à 400,000 fr.

---

Au nombre des recettes régulières, nous négligeons de porter en compte les produits des étangs, ceux des garennes, ceux de l'horticulteur-fleuriste, des pépinières, ceux, plus ou moins considérables, des ateliers de charronage, menuiserie, tourneur, bourrelier, etc., qui évidemment produiront plus que ne demandera la consommation annuelle de l'exploitation.

Nous ne comptons pas sur des recettes assurées, fournies par de nombreux visiteurs logés et nourris dans un hôtel disposé pour cet usage; sur des pensionnaires venant vivre à Royer, ou du moins y passer la belle saison; sur des enfants mis en pension pour y recevoir une triple éducation, morale, intellectuelle et professionnelle.

Nous ne disons rien non plus des recettes qui, dans 5 ans, commenceront à se faire sur des plantations de muriers nains pour haies de clôtures, et de muriers grand-vent pour allées et bosquets.

Nous n'estimons pas davantage la plus-value que donneront plus tard 50 à 80,000 pieds d'arbres de toute essence, plantés en allées et bordures tout autour de la propriété.

Nous laissons à l'avenir de dire ce que rapportera la culture du lin, préparé, filé et tissé sur place.

Nous abandonnons toutes ces estimations au lecteur, convaincu que les résultats analysés, s'ils paraissent réellement fondés, sont suffisamment brillants pour produire une détermination.

## DÉPENSES GÉNÉRALES.

La *nourriture* d'un travailleur aux champs revient communément à 175 francs par an (1). Pour ce prix, la Société de Royer pourrait donner une nourriture très-convenable, car, opérant unitairement pour un très-grand nombre de bouches, la cuisine réalisera de notables économies, que ne peuvent faire sans doute trente à quarante cuisines isolées, préparant chacune les aliments de quatre à six travailleurs.

Cependant, la Société voulant créer à ses travailleurs un bien-être non-seulement intellectuel et moral, mais encore matériel, ne veut pas spéculer sur les économies de bouche; elle pratiquera les préceptes de cette croyance, qui, pour elle, est une vérité de fait : *Mieux l'homme est nourri et plus il est habile à faire bien et beaucoup.* C'est dans ce but que la nourriture du travailleur sera, le plus possible, animale; qu'il lui sera affecté, par tête, 60 kil. de viandes par année; que son pain, aujourd'hui noir et dur, sera préparé selon les besoins hygiéniques; que sa boisson ne sera plus de l'eau ou de la piquette aigrie, mais du vin et de la bière; enfin, que son méchant lit de paille au fond d'une écurie, deviendra un lit de laine dans une chambre particulière à chacun.

Ces dispositions, établies pour un très-grand nombre, seront telles que la dépense particulière n'en sera pas

(1) *Maison rustique* au XIX^e^ siècle, tom. 4, *pag.* 400.

réellement augmentée, car ici il y aura bénéfices d'association. Néanmoins, nous porterons la dépense de chaque travailleur à 200 fr., et pour 100 hommes, 20,000 fr.

Une femme, au même régime, dépensera 20 0/0 de moins, soit 160 fr., et pour 100 femmes, 16,000 fr.

*Les gages* du personnel seront ceux des plus élevés de la localité : un homme fait est payé de 120 à 150 fr. et une fille de service de 80 à 120 fr., soit la moyenne de 150 fr. pour tous les hommes, et pour 100 hommes, 15,000 fr.

Soit la moyenne de 120 fr. pour toutes les femmes, et pour 100 femmes, 12,000 fr.

Nous ajouterons à tous les frais 10 fr. par tête pour subvention de vêtements, 2,000 fr.

Dans le nombre des travailleurs, une quarantaine de sociétaires hommes et femmes prendront part aux travaux; or leurs appointements et leurs dépenses seront plus élevés que ceux des travailleurs; établissons une élévation moyenne de 500 fr. par sociétaire, soit pour 40, 20,000 fr.

Ajoutons à ce chapitre 5,000 journées supplémentaires pour travaux d'améliorations aux champs, à 1 fr. la journée, 5,000 fr.

Total des frais de main-d'œuvre de 200 et quelques personnes, 90,000 fr.

Rentes à servir, soit aux fonds à payer, soit aux actionnaires, 30,000 fr.

Pour frais imprévus, impositions, etc., etc., 30,000 fr.

Total approximatif des frais d'exploitation, 150,000 fr.

Différence constituant un bénéfice net, 250,000 fr.

C'est-à-dire 83 0/0 de dividende ou 88 0/0 de revenus.

80 à 90 0/0 obtenus après 5 ans d'exploitation agricole-industrielle! Certes, de pareils résultats pourront sembler *à priori* des illusions d'arithmétique : à quelques-uns des suppositions exagérées, hypothéquées sur un avenir incertain; à d'autres des calculs pris sur un sol d'élite et appliqués sans différence à une terre ingrate. Nous répondrons : Voyez et comparez nos données à celles fournies par les agronomes les plus recommandables, tels que Thaër, Schvert, MM. Matthieu de Dombales, Nivière, *la Maison rustique*, etc.

A tous, nous dirons : Si vous voulez prendre une part active à notre œuvre, allez visiter les terres de Royer, puis relisez nos plans d'opérations, et voyez encore si l'*association* de l'industrie à l'agriculture faite sur place, avec toutes les économies qu'une intime et sage combinaison doit faire sortir de l'une et de l'autre branche, n'est pas le principe et peut-être le secret de tous ces prodiges. Voyez et vous déciderez ensuite.

## COROLLAIRES.

Sans doute en face de l'immense étendue de terres qui vont être soumises à l'exploitation de la Ruche, le capital de 191,000 fr. affecté au fonds d'exploitation doit paraître insuffisant. Si l'on devait en effet réaliser de suite toutes les améliorations dont le sol est susceptible, établir toutes les industries qui doivent y figurer, assurément un capital double et triple n'y suffirait pas; mais en industrie agricole les faits ne s'accomplissent pas avec cette rapidité. C'est lentement et graduellement que les améliorations du sol s'obtiennent, que les industries s'étendent et s'élargissent; c'est là du moins le conseil de la prudence et de la sagesse, car c'est surtout en agriculture que l'on peut dire avec vérité : IL FAUT SE HATER LENTEMENT.

Si donc les avances ne peuvent ou ne doivent être faites que graduellement, il y aurait danger et pertes pour les actionnaires à élever le capital social au-dessus de la somme qui doit à la fois garantir la possession définitive et couvrir les dépenses que, raisonnablement, l'on doit faire la première ou la deuxième année.

Les recettes de la première année élèveront le fonds d'améliorations pour la seconde; ceux plus élevés de la seconde, de la troisième et de la quatrième, se cumuleront encore pour retourner au fonds social commun, et se convertir en troupeaux, cheptel, mobilier agricole, domestique et industriel, machines propres aux nouvelles opérations que la Société comprend dans ses cadres, augmentation du capital de roulement, etc.

Du reste, nous allons exposer en substance la marche que les gérants se proposent de suivre pendant les deux premières années. Cette exposition justifiera d'avance l'emploi qui sera fait du fonds social versé, et les espérances qu'on peut rationnellement fonder sur les opérations projetées. On comprend toutefois que cet exposé n'est pas *à priori* une règle absolue et rigoureuse, mais susceptible de se modifier à mesure que les circonstances le rendront nécessaire ou du moins avantageux.

## OPÉRATIONS DE LA PREMIÈRE ANNÉE.

Aux termes du bail passé entre le propriétaire de Royer et les fondateurs, le fermier général actuel doit livrer la propriété le 11 novembre prochain; mais par suite de conventions antérieures exprimées en son bail, le fermier a droit à la totalité de la récolte des grains qui seront ensemencés à cette dite époque du 11 novembre; de telle sorte que les nouveaux exploitants ne pourront jouir cette année que de la moitié des terres arables de Royer, de celles qui, ayant donné une récolte cette année, doivent rester en jachère; mais cette réserve est absolument bornée aux graines d'hiver et ne comprend aucun des autres produits, ni les pailles, qui demeurent toutes à la propriété.

Bien que l'entrée en jouissance soit fixée au 11 novembre, le fermier général actuel, d'accord sur ce point avec les gérants, permet de faire avant cette époque toutes les constructions, réparations et améliorations nécessaires ou convenables pour préparer l'arrivée des sociétaires exploitants.

### DÉPENSES A FAIRE AVANT LE 11 NOVEMBRE ET PENDANT L'ANNÉE 1842-1843.

*Bâtiments.* — Les réparations nécessaires au château pour l'établissement au 1er et 2e étage, de 74 chambres séparées, le rez-de-chaussée devant loger les cuisines, salles à manger, salon, bibliothèque, salle de bains etc. sont estimées 8,000 fr.

Réparations aux écuries du château pour y loger 150 têtes de gros bétail, et améliorations aux bâtiments pour porcherie, poulailler, etc. 4,000 fr.

Soit pour frais imprévus, 1,000 fr.

Les 11 grands et petits bâtiments qui sont disséminés sur les terres, sont dans un état tel qu'ils pourront continuer leur service sans réparations, au moins les deux premières années.

Cette dépense totale de 13,000 fr. affectée à ce chapitre pourrait être bien plus élevée si l'on devait apporter à ces bâtiments tout le luxe dont ils sont susceptibles; mais ces dépenses ont été basées sur la plus rigoureuse économie et comme absorbant un capital qui dès le début devient mort, ne donne qu'un revenu négatif, et pèse d'autant sur le fonds de roulement ou de rapport. Toutes les améliorations et tous les agrandissements nécessaires à cet égard seront faits, mais à mesure que l'exploitation grandira et donnera des bénéfices sur lesquels il sera prélevé chaque année un fonds pour cet usage.

*Chaux pour engrais.* Achat de 10,000 hectolitres de chaux, transport et dispersion compris, 10,000 fr.

*Semences.* Achat de semences diverses, pour céréales, prairies artificielles, graines oléagineuses, plantations de pommes de terre et autres racines; arbres et semis de pépinières, etc., 10,000 fr.

*Instruments agricoles.* Achat du mobilier de ferme : chars, charrues, herses, harnais, sécateur, hâche-paille et menus instruments, 12,000 fr.

*Vaches.* Achat de 200 vaches laitières, moyenne taille. Leur prix courant à l'entrée de l'hiver est de 120 à 150 fr., mais nous les porterons à 170 fr., pour avoir dès le début un bétail choisi et d'un rendement en lait assuré de 34,000 fr.

*Bœufs.* Achat de 20 bœufs de belle qualité à 250 fr. l'un, 5,000 fr.

20 bœufs attelés à 10 charrues, peuvent labourer en 150 jours de travail, 500 hectares de terre : or, la première année nous n'en aurons à labourer que 150 à 200; cette force suffira donc seule pour donner 2 ou 3 labours à nos terres, et nous aurions en plus, si besoin était, l'attelage des chevaux et de nos vaches.

*Chevaux.* Achat de 10 juments, belle race, à 500 fr. l'une, 5,000 fr.

Si nous préférons les juments aux chevaux, c'est que, sans nuire d'une manière sensible à la quantité de leur travail elles donnent chaque année un poulain qui, élevé sans frais dans les immenses forêts de Royer, devient la source de revenus assurés.

*Taureaux.* Achat de 3 beaux taureaux pour la monte des vaches, à 167 fr. l'un, 500 fr.

*Moutons.* Achat de 500 moutons, race choisie, à la moyenne de 10 fr. l'un, 5,000 fr.

*Porcs.* Achat de 10 porches porteuses et de 2 verrats, 1,200 fr.

Menus animaux, tels que lapins, volailles diverses, abeilles, etc., 500 fr.

Établissements *de deux fromageries*, 1,000 fr.

Établissement d'une *meule et appareils* pour *huilerie*, 2,000 fr.

Établissement *d'une scie mécanique*, 1,000 fr.

Établissement des fourneaux et batterie de cuisine, 1,000 fr.

*Ateliers divers*, tels que, ceux de charpentier, menuisier, ébéniste, tourneur, charron, maçon, plâtrier, bourrelier, serrurier, maréchal, lingerie, blanchisserie, tailleur, cordonnier, boulangerie, charcuterie, bureaux, etc., 4,000 fr.

*Mobilier*, pour 50 travailleurs, à 40 fr. l'un, 2,000 fr.

*Frais de personnel*. Pendant la 1re saison d'hiver, le personnel sera moins considérable que pendant la saison d'été, où les travaux des champs absorberont beaucoup plus de bras.

*Pendant l'hiver*, 15 travailleurs hommes, à la moyenne de 350 fr. par année, gages et nourriture compris; pour 15, 5,200 fr.

25 travailleurs femmes, à la moyenne de 300 fr. par année, gages et nourriture, 7,500 fr.

Appointements de 14 associés, à la moyenne de 800 f. par tête, la nourriture demeurant à la charge de chacun, 11,200 fr.

Appointement de 6 dames associées, à la moyenne de 500 fr., la nourriture demeurant à leur charge, 3,000 fr.

*Pendant l'été*, 10 travailleurs hommes de plus, à 175 fr. pour 6 mois, 1,750 fr.

10 travailleurs femmes de plus, à 150 fr. pour 6 mois 1,500 fr.

5 associés hommes de plus, à 400 fr., 2,000 fr.

5 associés dames de plus, 250 fr., 1,250 fr.

*Nourriture du bétail*. Depuis le mois de novembre ou décembre, époque où les écuries seront garnies de leur bétail, jusqu'au mois de juin, c'est-à-dire pendant six mois, les animaux devront être nourris à l'aide de fourrages pris dans les granges ; car pendant ces six mois le sol en donnera fort peu ; les 230 têtes de gros bétail à nourrir exigeront pendant cette saison 4,000 quintaux métriques de fourrages.

D'une part, les fermiers actuels de Royer et de Valty doivent laisser, à leur sortie, 1,550 quintaux métriques de fourrages foins et pailles ; c'est donc l'équivalent de 2,500 quintaux métriques à se procurer. On obtiendra cet équivalent par l'achat de 5,400 hectolitres de pommes de terre, qui, achetées au moment de la récolte, au mois de septembre ou d'octobre se vendent communément 1 fr. 50 c. l'hectolitre, mais qui, payées 1 fr. 75 c., feront une dépense totale de 9,400 fr.

*Les charges* des loyers, impositions, intérêts à servir aux actionnaires pour l'année 1842 1843, s'élèvent à 32,400 fr.

Excédant en caisse pour frais imprévus, journées supplémentaires, etc. etc., 8,600 fr.

---

Total approximatif des dépenses de la première année, 191,000 fr.

---

Cette dépense de 191,000 fr., si des besoins urgents le rendaient nécessaire, pourra s'élever sans que la caisse en éprouve la moindre gêne. Chaque semaine des ventes de beurre; pendant l'été celle des fromages, des porcs, etc., établiront des recettes dont le fonds social s'accroîtra d'une manière continue, ce qui permettra de faire face à d'autres dépenses qui seraient jugées avantageuses. Si l'on suppose que 8,600 fr. de frais imprévus, mains-d'œuvre supplémentaires, etc., ne sont pas suffisants, nous prélèverons neuf autres mille francs sur les recettes courantes et nous porterons les dépenses totales à 200,000 fr.

RECETTES RÉALISÉES AU 11 NOVEMBRE 1843.

*Fromagerie.* Le rendement annuel d'une vache est de 236 fr., mais nous devons compter sur une recette moindre la première année, car les fromages de gruyère ne se vendent que trois mois après leur fabrication ; par conséquent on ne peut encaisser que les produits de neuf mois, que nous réduirons à sept mois pour rester en garde contre les chances qui pourraient nous faire attendre un mois ou deux le plein rendement de cette industrie.

D'autre part, la vente des beurres se fait à mesure de leur fabrication ; on peut au moins les porter en compte pour une vente de onze mois. Ainsi nous estimerons le rendement de chaque vache, pour sa première année, seulement à 180 fr. ; 200 vaches produiront 36,000 fr., sur lesquels nous déduirons un dixième pour pertes de bétail, accidents, etc., ci 32,400 fr.

*Porcs.* Le petit-lait fourni par 200 vaches amènera 100 jeunes porcs jusqu'à trois mois, et 370 porcs pour les onze mois ; mais nous réduirons ce nombre à 350, à cause des embarras de mise en train. Sur les 350 jeunes porcs, 300 seront vendus à trois mois au prix moyen de 20 fr. l'un : les 300 6,000 fr.

Les 50 autres porcs seront engraissés pour les besoins de l'exploitation, ou pour la vente au dehors ; ces 50 porcs gras représenteront une valeur d'au moins 60 fr. par tête, et pour les 50, 3,000 fr.

*Moutons*. 500 moutons, par leur accroissement en poids et en graisse, par leur laine et leur agnelage, rendront au moins 10 fr. par tête, si l'on songe surtout aux nombreuses jachères qui, la première année, leur offriront d'immenses pâturages ; soit, pour 500 moutons, 5,000 fr.

Dès le printemps prochain, une centaine d'hectares préparés dès l'automne par des labours et fumés à la chaux, recevront, une moitié des céréales de printemps, et l'autre moitié de la cameline.

Les 50 hectares chaulés de *céréales* au rapport de 20 hect. par hectare ( base assez inférieure pour les terres de Royer , auxquelles la chaux fait l'effet d'un riche engrais), donneront 1,000 hectolitres, qui, si ce sont des seigles, vaudront 12 fr. l'un, ci 12,000 fr.

Les 50 hectares , aussi de *cameline* chaulés , doivent donner , au rendement moyen de 16 hectolitres de graines à l'hectare , 800 hectolitres qui , convertis en huile , rapporteront 21 kil. par hectolitre , et pour 800 hect. 16,800 kil. vendus à 1 fr. le kil., ci 16,800 fr.

De plus, les graines laisseront une masse de tourteaux oléagineux qui amélioreront singulièrement les fourrages de la deuxième année , et pour leur quantité et pour leur qualité.

2 hectares de *jardins* auront amplement pourvu aux besoins des cuisines. Or , la dépense culinaire ayant été portée dans son ensemble comme si l'on avait dû tout acheter , la consommation des produits du jardinage doit être portée en recette aussi bien que ceux qui , par leur surabondance , auront été vendus aux marchés.

2 hectares de jardins auront rapporté ou bien épargné

au moins 3,000 fr. par hectare, et pour 2 hectares, 6,000 fr.

Les *Forêts* fourniront chaque année une coupe de 10 hectares. Assez communément, la coupe d'un hectare dans les forêts régulièrement assolées, se vend sur place pour bois de chauffage de 600 à 1,000 fr.; mais la scie mécanique fera trouver sur ces coupes une grande quantité de bois de service qui vaudront alors une ou deux fois plus. En supposant que le service de la scie ne soit pas parfait la première année, nous ne compterons le rendement qu'à 600 fr. par hectare, et pour 10 hectares, 6,000 fr.

Le *Poisson*, auquel on donne aujourd'hui peu de soins, sera de notre part l'objet d'une régulière attention; dans tous les étangs réunis on en peut élever pour quelques mille francs. Nous ne compterons la première année que sur 1,000 fr.

Le rapport brut du *Moulin* est aujourd'hui d'au moins 1,500 fr., ci 1,500 fr.

La *plus value* qu'acquiert annuellement un bœuf, quand il est traité convenablement, est d'environ 100 fr. par tête; nous ne compterons que 50 fr., et pour 20 bœufs, 1,000 fr.

Nous ne saurions négliger des produits assurés pour la vente et surtout pour la consommation, tels que ceux de 800 à 1,000 poules ou dindons, qui déjà trouvent leur nourriture sur la propriété; de 4 à 500 oies ou canards qui vivent dans les étangs; de lapins en grande quantité, etc.; ces produits, outre la grande économie qu'ils apporteront aux cuisines, donneront, par la vente, une recette assurée. Nous ferons figurer ce chapitre seulement pour 2,300 fr.

Total aproximatif des recettes de la première année, 93,000 fr.

Nous devons ajouter à ces valeurs en argent, sorties du sol la première année, la valeur des fromages de gruyère restés en cave pour attendre la vente; cette valeur sera d'environ 5,000 fr.

Et la valeur des fourrages créés et recueillis cette même année.

Au printemps prochain, tous les fumiers de gros bétail obtenus l'hiver, seront jetés sur 50 hectares qui seront cultivés pour pommes de terre. Cette fumure doit faire espérer au moins un produit de 150 quintaux métriques de tubercules à l'hectare, et pour 50 hect. de 7,500 quintaux, dont l'équivalent en fourrage sec est de 4,300 q. m.

Après la récolte des seigles, on obtiendra une récolte dérobée de navets; cette récolte donne à certains agronomes jusqu'à 22,500 kil. de racines à l'hectare (1). Il nous est permis de compter sur au moins 13 à 14,000 kil., qui équivalent à 3,000 kil. de fourrage sec, et pour 100 hectares (dont 50 récoltés par nous et 50 par le fermier), égaleront 3,000 q. m.

Pendant l'hiver, on sémera, sur une cinquantaine d'hectares de céréales préalablement chaulées, des graines de trèfles qui, s'ils prospèrent aussi bien que ceux déjà semés à Royer, pourront fournir 2 coupes, cette même année; ces deux coupes équivaudraient au moins à 30 quint. m. par hectare; nous n'en compterons que la moitié; et pour 50 hect. 750 q. m.

(1) Voyez *Maison rustique*, tom. 1er, p. 444.

Les 100 hectares environ de terres ensemencées en céréales par le fermier actuel, et dont les pailles resteront à l'exploitation, fourniront, à 30 quint. m. par hect. 3,000 quint. m. de paille, dont 1,000 à 1,200 quint. m. au plus seront consommés pour litière. Les 1,800 quint. m. excédants compteront pour fourrage, ci 1,800 q. m.

A ces pailles, il faut ajouter celles de 50 hectares de seigle semés par la Société, équivalant à 1,500 q. m.

Les graines de cameline laisseront au moins 700 kil. de tourteaux par hectare, et les 50 hectares 350 q. m.

Les 100 hectares de prés existants aujourd'hui, au rapport réduit de 30 quint. m. par hectare, donneront pour 100 hect. 3,000 q. m.

Total des fourrages en quint. m., 14,700

Sur cette quantité, nous devons extraire 3,300 q. m. qui auront fourni les aliments du bétail pendant les 5 mois, depuis juin jusqu'en novembre. Restera en grange pour la deuxième année, 11,400 q. m.

Ainsi la Société sera entrée en 1842 avec une réserve en fourrages de 15 à 1,600 quintaux métriques, dont la valeur en argent, à 5 f. le quintal, est d'environ 8,000 f., et au 11 novembre 1843, cette réserve sera de 11,400 quintaux métriques représentant une valeur de 57,000 f. — Différence, 49,000 fr.

Si les choses se passent la première année ainsi que nous le prévoyons, et nos calculs ont été pris en assez basse échelle pour que leur exactitude se trouve garantie par les événements, l'exploitation aura dépensé 200,000 francs ; savoir :

Pour objets qui lui demeurent acquis, tels que bétail,

instruments, mobilier, semences, industries, améliorations etc., 110,000 fr.

Pour déboursés qui restent perdus pour la Société, tels que loyers, impositions, intérêts aux actionnaires, frais de personnel, nourriture achetée pour le bétail, journées supplémentaires, frais imprévus etc., 90,000 fr.

Pour la remplir de cette dépense perdue de 90,000 fr., les recettes doivent s'élever à 93,000 fr. dont 9,000 ont été prélevés pour augmenter le chapitre des frais imprévus. Reste 84,000 fr. en caisse, plus 5,000 fr. de fromages en caves, et 49,000 fr. de fourrages excédants ceux de la première année, somme que nous ne porterons qu'à 42,000 f. pour prévoir toutes les chances défavorables. Total, 131,000 f.—Différence, 41,000 fr., qui demeurent comme bénéfices nets et positifs.

Cette quantité de fourrages avec lesquels la Société commencera sa seconde année, sera suffisante pour nourrir, pendant l'année, 340 têtes de gros bétail : dès lors le nombre des vaches, de 200 sera porté à 300; celui des bœufs, de 20 sera porté à 30; le nombre des chevaux restera le même pour cette seconde année.

## OPÉRATIONS DE LA SECONDE ANNÉE.

### DÉPENSES.

Sommes à payer sur le domaine de Valty, 5,000 fr.

Achat de 100 vaches de plus, à 170 fr. 17,000 fr.

Achat de 10 bœufs, à 250 fr. 2,500 fr.

Achat de 10,000 hectolitres de chaux, transport et dispersion compris, 10,000 fr.

Améliorations aux bâtiments, 5,000 fr.

Frais de plantations de m uriers, peupliers, arbres verts, etc., 10,000 fr.

Etablissement d'une distillerie de pommes de terre et grains, 6,000 fr.

Etablissement d'une brasserie de bière, 4,000 fr.

Le personnel interne de l'exploitation, arrivé pendant l'été à 90 personnes, restera le même pendant l'hiver; mais il s'augmentera de 30 personnes pour l'été de la seconde année; cette augmentation portera la dépense totale de ce chapitre à 46,000 fr.

Les loyers, impositions, intérêts des actions, 32,400 fr.

Frais de suppléments de main-d'œuvre pour labours, récoltes, améliorations etc., 10,000 fr.

Frais imprévus pour autres améliorations, etc., 12,100 fr.

Total approximatif des dépenses de la deuxième année, 160,000 fr.

Dont 84,000 fr. pris à la caisse sur la recette de la 1re année et 76,000 à prendre sur les recettes de la 2me.

Sur cette somme dépensée, il restera à la Société, en augmentation de cheptel, établissement d'industries, acquisitions diverses etc. 60,000 fr. Le surplus de 100,000 fr. constituera seul la dépense perdue.

### RECETTES DE LA DEUXIÈME ANNÉE.

1° 200 Vaches ont donné leur plein rapport de 236 fr. par tête; pour les 200—47,200 fr. dont le 10e en moins, pour pertes ou accidents, réduit ce chiffre à 42,500 fr.

2° 100 Vaches achetées la deuxième année, ont donné 180 fr. chacune, et pour 100, 18,000 fr. dont le 10e en moins pour pertes, 16,200 fr.

3° 450 Porcs, élevés à 3 mois, et vendus à 20 fr. 9,000 fr.

4° 50 Porcs vendus ou débités dans les cuisines, à 100 fr. l'un, 5,000 fr.

5° Produits de 250 moutons engraissés, à 20 fr. l'un, 5,000 fr.

6° Plus value acquise par 30 bœufs, à 50 fr. l'un, 1,500 fr.

7° Produits en grains de 80 hectares en céréales, 19,200 fr.

8° Produits en huile de 80 hectares colza ou cameline, à 350 fr. l'hectol., 28,000 fr.

9° 3 hectares jardins, à 3,000 l'un, 9,000 fr.

10° Coupe de Forêts sur 10 hectares, 6,000 fr.

11° Poissons. 1,000 fr.

12° Volailles et lapins vendus ou mangés, 3,000 fr.

13° Le Moulin, 1,500 fr.

14° La distillerie des pommes de terre et de grains augmentera de moitié la valeur des substances qu'elle aura converties. Les 10,000 hectolitres de pommes de terre estimés 17,000 fr., et les 1000 hect. de grains distillés, estimées 13,000 fr.: total, 30,000 fr., auront acquis une valeur au moins de 15,000 fr., que nous n'estimerons qu'à 8,000 fr., la première année de l'exercice de la distillerie pouvant être moins productive; ci, 8,000 fr.

15° La brasserie de bière n'eût-elle son application que pour le service de la maison, aurait encore économisé 20 francs au moins pour chaque tête du personnel, et pour 120, 2,400 fr.

Total approximatif des recettes en argent de la seconde année : 157,300 fr.

Nous ajouterons la valeur des fromages frais restés en caves, 7,500 fr.

De plus tous les fourrages créés et recueillis ; leur quantité s'élèvera au moins à 17,000 q. mét., ainsi qu'on peut s'en convaincre si l'on ajoute au rendement de 14,700 q. mét., produits de la première année, toute l'augmentation résultante d'une culture étendue sur 250 hectares de plus, du produit de 50 hectares de trèfles seconde année et 80 hectares trèfles première année, de 80 hectares au lieu de 50 en pommes de terres, etc.

Ainsi, ces 17,000 q. mét. de fourrages estimés à 5 fr., représentent une valeur d'attente de 85,000 francs, qui fourniront, sur la valeur en même nature de la première année, une augmentation de 35,000 fr.

Les dépenses totales ont été de 160,000 fr. sur lesquels 84,000 ont été payés par les recettes de la première année ; restera 76,000 francs à payer sur les recettes de la seconde; l'excédant sera de 81,300 fr.

De plus fromages en caves, 7,500 fr.

Et des fourrages aux granges pour une valeur de 85,000 fr.

Total 173,800 fr.

Les fourrages obtenus cette année pourront tenir toute la troisième année à l'étable 466 têtes de gros bétail. La troisième année pourra donc commencer son exercice avec 400 vaches, 30 bœufs, 20 chevaux et un troupeau considérable de porcs à l'engrais.

Cette troisième année continuera nécessairement la progression suivie durant les deux premières ; dès lors nul doute que la quatrième ou la cinquième année verront se réaliser les données que nous avons présentées précédemment et par lesquelles nos terres richement amendées et fumées, pourront nourrir 640 têtes ou leur équivalent en gros bétail, fournir de l'occupation à 200 travailleurs, et réaliser à la caisse les recettes agricoles et industrielles que nous avons analysées.

## PRINCIPES GÉNÉRAUX

### D'ADMINISTRATION ET DE RÉGLEMENTS INTÉRIEURS.

---

La RUCHE aura dans son sein des réglements qui détermineront d'avance son organisation intérieure et son mode d'administration ; ces réglements devant être l'expression des avis et conseils de tous les fondateurs sociétaires, nous ne pouvons encore qu'en poser les principes généraux et prier ceux qui veulent participer à notre œuvre, de mûrir les bases offertes ici, pour nous éclairer bientôt de leurs réflexions.

1° Dans un but d'unité, de propreté, de bonne tenue et de santé, un uniforme de travail sera établi pour tout le monde, et pour chaque sexe ; — les chefs travailleurs seront distingués par des signes particuliers à chaque grade.

2° Le travail fait isolément est plus pénible et paraît plus long, il entraîne au découragement, souvent à la paresse ; dans nos opérations, à moins de cas exceptionnels, les travaux seront faits par groupes d'au moins trois personnes, avec un piqueur ou surveillant travailleur.

3° Les mêmes travaux continués trop long-temps sont

monotones et fatigants, leur variété est une condition nécessaire d'attrait et d'activité ; dans une exploitation aussi considérable que celle de la RUCHE les travaux seront assez nombreux pour pouvoir offrir aux mêmes travailleurs une grande variété d'occupations. — En principe, les séances d'un même travail ne dureront pas plus de 4 à 5 heures ; ou tout au moins les travaux seront organisés de telle sorte que le travailleur en pourra changer une ou deux fois dans la même journée.

4° En conséquence, tous les travaux seront organisés en catégories de travail, et chaque catégorie elle-même comprendra tel nombre de groupes de travailleurs qui lui sera nécessaire.

5° L'ensemble du personnel sera hiérarchisé ; son organisation, analogue à celle d'un régiment, sera une graduation non interrompue depuis les gérants jusqu'aux simples travailleurs. — Ainsi le corps des associés-chefs travailleurs comprendra trois grades : GÉRANTS, DIRECTEURS, MAITRES : parmi les travailleurs les plus intelligents, les plus moraux et les plus actifs, il sera choisi des *contre-maîtres* et des *piqueurs*.

6° A titre d'encouragement, on accordera chaque mois aux catégories, une prime assez forte pour se diviser en sous-primes pour les groupes les plus actifs.

7° Des primes réservées seront affectées à la dotation des mariages faits parmi les travailleurs de la Société.

8° Les enfants indistinctement recevront gratuitement l'éducation professionnelle, intellectuelle et morale.

9° Afin d'encourager l'ordre, l'économie et l'attachement du travailleur, une caisse d'épargnes à haut intérêt sera créée pour la rapide capitalisation des gages.

10° Tous les travailleurs attachés à l'exploitation, lorsqu'ils seront malades recevront gratuitement les soins d'infirmerie, de médecine et de pharmacie.

11° Après un temps déterminé, tout travailleur infirme ou malheureux aura droit à une retraite.

12° Dans le cas de mort d'un travailleur, sa veuve et ses orphelins seront protégés par la Société.

13° Le but de la Société est la création de la *richesse*, élément indispensable de la santé, de l'indépendance et du bonheur ; mais ce but ne peut être atteint sans que le plus grand *ordre* règne et soit maintenu, et l'ordre lui-même ressort de la justice, de l'équité ou de la *vérité*.— La devise de la Société sera donc : VÉRITÉ, ORDRE, RICHESSE.

14° Toute infraction au principe de *vérité*, par le mensonge ou la mauvaise foi ;

Toute infraction au principe *d'ordre*, par une absence de respect dû à la hiérarchie, par un oubli des convenances que l'on se doit entre hommes raisonnables, par un désordre ou scandale quelconque ;

Toute infraction au principe de *richesse* par la dilapidation de temps ou d'objets appartenant à la Société ;

Seront punis par la Société.

15° Mais afin de prévenir tout abus d'autorité, de caprice ou d'erreur et pour garantir le repos présent et futur de chacun, il sera créé un *tribunal d'ordre* ou de justice intérieure, qui connaîtra de toutes les infractions aux réglements, de toutes les plaintes portées ; ce tribunal sera juge en dernier ressort ; — mais à la gérance seule appartiendra l'exécution.

16° La pénalité infligée par le tribunal d'ordre se composera :

1° De l'admonestation privée ;

2° De l'admonestation publique ;

3° De l'exclusion temporaire en l'une des fermes les plus éloignées de l'exploitation générale ;

4° Enfin de l'exclusion définitive.

17° Tout actionnaire non-participant aux travaux de la Société, aura son droit de séjour habituel à l'hôtel, pour une pension égale au prix des objets vendus au dehors.

18° Tout porteur de deux actions voulant participer aux travaux de la Société, aura droit de choisir dans les fonctions non-occupées, celles qui lui conviendront ; en échange de son temps et de ses soins, il lui sera attribué un appointement subordonné à la quantité et à la qualité du travail accompli.

19° En cas de mort d'un actionnaire, les intérêts de sa veuve et de ses enfants seront administrés et protégés comme ceux de la Société tout entière.

[illegible], rue St-Dominique, 15.

# TABLE DES MATIÈRES.

www.ingramcontent.com/pod-product-compliance
Lightning Source LLC
LaVergne TN
LVHW012350220826
846092LV00002B/503

* 9 7 8 2 3 2 9 5 9 2 1 0 7 *